Scratch
趣味编程

李姗　龙慧　赵娜 / 著

四川科学技术出版社

图书在版编目（CIP）数据

Scratch趣味编程 / 李姗, 龙慧, 赵娜著. —— 成都：
四川科学技术出版社, 2023.7

ISBN 978-7-5727-0848-0

Ⅰ. ①S… Ⅱ. ①李… ②龙… ③赵… Ⅲ. ①程序设
计-普及读物 Ⅳ. ①TP311.1-49

中国版本图书馆CIP数据核字(2022)第247800号

Scratch趣味编程

Scratch QUWEI BIANCHENG

著　　者　李　姗　龙　慧　赵　娜

出 品 人　程佳月
责任编辑　朱　光
助理编辑　张维忆　钱思佳
封面设计　优盛文化
责任出版　欧晓春
出版发行　四川科学技术出版社
　　　　　成都市锦江区三色路238号　邮政编码 610023
　　　　　官方微博 http://weibo.com/sckjcbs
　　　　　官方微信公众号 sckjcbs
　　　　　传真 028-86361756
成品尺寸　170 mm × 240 mm
印　　张　14.75
字　　数　295千
印　　刷　三河市华晨印务有限公司
版　　次　2023年7月第1版
印　　次　2023年7月第1次印刷
定　　价　98.00元

ISBN 978-7-5727-0848-0

邮　　购：成都市锦江区三色路238号新华之星A座25层　邮政编码：610023
电　　话：028-86361770

前言 Preface

我们所使用的工具深刻地影响着我们的思维方式和思维习惯，进而也将深刻地影响着我们的思维能力。

——Edsger W.Dijkstra

一、写作背景

人工智能教育是指人工智能多层次教育体系中的全民智能教育层次，涵盖了中小学阶段设置的人工智能相关课程。

未来学习是新型群岛式而非传统学校孤岛式学习。家庭、网络、社区、博物馆、图书馆、科技馆、体育馆……处处都可以是学习场所。

2017年7月国务院印发《新一代人工智能发展规划》，提出"实施全民智能教育项目，在中小学阶段设置人工智能相关课程，逐步推广编程教育"。规划中强调"当前，我国国家安全和国际竞争形势愈渐复杂，必须放眼全球，把人工智能发展放在国家战略层面进行系统布局，主动谋划，牢牢把握人工智能发展新阶段国际竞争的战略主动，打造竞争新优势、开拓发展新空间，有效保障国家安全"。2018年教育部印发《高等学校人工智能创新行动计划》，进一步明确要"构建人工智能多层次教育体系。在中小学阶段引入人工智能普及教育"。2019年教育部公布《2019年教育信息化和网络安全工作要点》，文件明确指出要"推动在中小学阶段设置人工智能相关课程"。人工智能教育受到了社会各界的高度关注。

在这样的背景下，长沙师范学院信息科学与工程学院的李姗等老师，充分利用学院机器人办学的优势，编写了这本《Scratch趣味编程》。

二、内容简介

第 1 章从 Scratch 的本身出发，叙述了 Scratch 近年在国内外的发展情况，软件选取目前较为流行的 Scratch 3.0 版本，介绍了该版本软件的主要界面，并带领读者初步尝试用 Scratch 制作动画作品。第 2 章围绕 Scratch 3.0 的十大经典积木模块，利用妙趣横生的案例，让读者在制作一个个动画、游戏的过程中学习 Scratch 的编程理念，掌握 Scratch 的编程技巧。第 3 章给出了 4 个经典游戏案例，每个案例先对读者提出设计要求，引导读者根据设计要求积极思考，并自行尝试游戏的制作；然后给出一个范例的脚本，帮助读者对自己脚本的设计进行自查并拓展思路。

附录为 PAAT 全国青少年编程能力等级考试（图形化编程一级至三级）的试卷各一份，为部分读者日后参加图形化编程考试提供一定的帮助。

三、本书特色

（1）案例生动。本教材根据一线教学实践经验完成编写，选用的案例在教学过程中经过了反复检测，切合各教学模块的教与学的要求，让读者在制作游戏、测试游戏的过程中学习 Scratch 的编程理念，掌握 Scratch 的编程技巧。

（2）图文并茂。本教材用大量的图片代替了文字，让读者能清晰明了地读懂内容。

（3）数字资源丰富。本教材配套有所有案例的素材以及每个模块的讲授微课。微课需注册超星学习通后搜索"零基础玩转少儿编程"加入课程后使用。

（4）鼓励读者思考。部分案例采用不断进阶升级的编写方式，引导读者深入思考，完善程序，提升编程思维。

四、读者定位

本书可作为师范类本科、专科院校少儿编程类课程的教学用书；还可作为中小学信息技术教师和少儿编程培训机构教师的参考用书；也适合想辅导孩子学习 Scratch 图形化编程的家长及计划参加 PAAT 全国青少年编程能力等级考试（图形化编程一级至三级）的考生阅读参考。

五、作者团队

本书由长沙师范学院李姗担任主笔，长沙师范学院龙慧、赵娜参与了部分内容的编写。其中第 1 章、第 2 章由李姗主笔，第 3 章由龙慧主笔，附录及部分案例的测试由赵娜完成。在编写的过程中得到了长沙师范学院马振中教授的指导和湖南省社科基金教育学专项课题（JJ209707）的支持，在此表示诚挚的感谢。因编者水平有限，书中不足在所难免，欢迎读者给作者发送邮件 523350305@qq.com，对本书提出意见和建议。

著者

2022 年　长沙

授课内容和学时分配建议

章节内容	基本内容	30 学时
第 1 章　初识 Scratch	什么是 Scratch	2 学时
	Scratch 能做什么	
	Scratch 及其衍生版	
	Scratch 环境介绍	
	第一个小程序	
第 2 章　Scratch 积木模块	运动积木	24 学时
	外观积木	
	事件驱动积木	
	声音和音乐积木	
	控制积木	
	侦测积木	
	运算积木	
	变量积木	
	画笔积木	
	自制积木	
第 3 章　Scratch 小游戏	垃圾分类游戏	4 学时
	打地鼠游戏	
	迷宫探险游戏	
	飞机大战游戏	

目录 Contents

第 1 章　初识 Scratch

1.1   什么是 Scratch

　　Scratch 是一款由美国麻省理工学院（MIT）"终身幼儿园团队"设计开发的适合青少年学习编程的图形化编程平台。Scratch 程序实际上就是为角色、场景设计的由各种积木块叠加起来的脚本，从而实现某种功能。

　　Scratch 是一种可视化的编程语言，它的出现极大地降低了编程的门槛，和传统的编程语言（如 C 语言、Python 语言）相比，它通过图形化的交互界面，组合预设的积木模块，不需要理解底层运行原理。

　　如图 1-1 所示，C 语言用了 8 行代码实现了输出，即在屏幕上显示：欢迎来到 C 语言的世界！

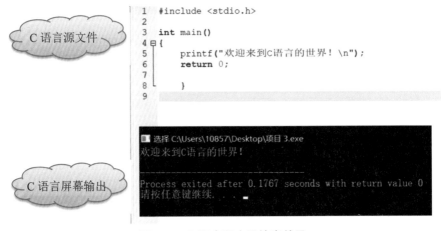

图 1-1　C 语言程序及输出效果

　　如图 1-2 所示，在 Scratch 的脚本区，只需要对小猫角色编写一个"说"积木块，便可在舞台实现输出：欢迎来到 Scratch 的世界！

　　较之传统的编程语言，Scratch 是不是既容易理解，又容易操作呢？

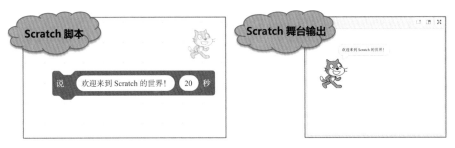

图 1-2　Scratch 的积木块和舞台输出效果

1.2　Scratch 能做什么

Scratch 的应用覆盖游戏、动画、故事、教程、音乐、艺术六大领域。比如用 Scratch 可以制作出实现简单歌曲演奏的作品，你只需要拥有歌曲简谱，掌握基本积木块的使用，即可快速地制作出用钢琴、小号、萨克斯等不同乐器进行演奏的音乐作品；用 Scratch 可以制作辅助数学原理、数学公式学习的小游戏；可以制作意境优美的诗词朗诵的多媒体作品；甚至可以制作出打地鼠、走迷宫、五子棋、飞机大战这些深受孩子们喜爱的互动小游戏。

1.3　Scratch 及其衍生版本

Scratch 的最早版本是 Scratch 1.0 版本，目前仍有少量用户使用 1.4 版本。后来官方推出了 Scratch 2.0 版本，分为在线版和离线版。其中，在线版可登录官网后直接使用（官网地址：https://scratch.mit.edu/），而离线版则需要安装后才可以使用（官方下载地址：https://scratch.mit.edu/download）。为了迎合技术潮流，2018 年底官方推出了 Scratch 3.0 版本，Scratch 3.0 初始界面如图 1-3 所示。该版本在库中提供了更多的素材，

增加了一部分扩展积木。本书的脚本均基于 Scratch 3.0 版本制作。

　　Scratch 的设计思想影响了很多软件，例如国内著名积木式图像化软件"编程猫"。由于拥有电脑端、PAD 端、手机端等多平台运行能力，丰富的素材库、可爱的角色、自带的移动背景，Scratch 深受孩子们的喜爱。同时，它的学习社区也非常活跃，拥有几百万个原创脚本。

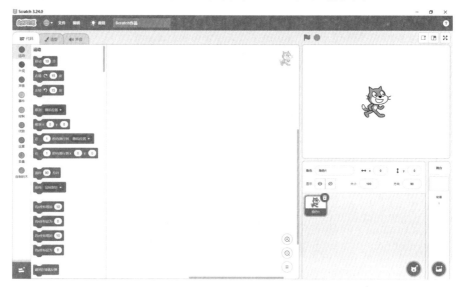

图 1-3　Scratch 3.0 初始界面

1.4　Scratch 环境介绍

　　Scratch 3.0 的工作界面由多个部分构成，如图 1-4 所示，有：菜单栏、代码\造型\声音功能操控区、舞台区和编辑区四个区域。

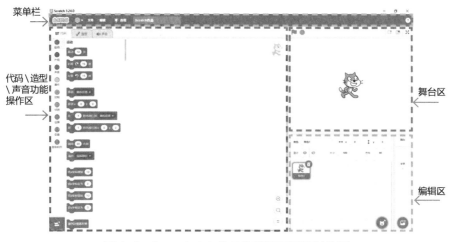

图 1-4　Scratch 3.0 的工作界面各区域划分图

1.4.1　菜单栏

首先来看菜单栏的功能。如图 1-5 所示，菜单栏的布局从左到右依次是：Scratch 版本显示按钮、界面语言选择菜单、文件菜单、编辑菜单、教程按钮、文件名显示框。

图 1-5　Scratch 的菜单栏

Scratch 版本显示按钮：单击可显示版本信息。

界面语言选择菜单：单击右侧的下拉箭头，可在 59 种语言中进行选择。

文件菜单：单击可以在下拉菜单中选择相应的命令进行 Scratch 文件的新建、打开和保存。

编辑菜单：打开或关闭加速模式。

教程按钮：单击可以进入 Scratch 自带的简易教程。

文件名显示框：显示当前打开或正在编辑的文件名。

1.4.2 舞台区

舞台区顾名思义就是角色进行表演的舞台，为角色编写的程序脚本最终都通过舞台区进行呈现，如游戏、故事、动画等。舞台的大小是有限的，如图 1-6 所示，坐标的范围为：横坐标轴（X 轴）的范围从 −240 到 240，纵坐标轴（Y 轴）的范围从 −180 到 180。舞台横轴长 480，纵轴长 360，坐标限定了角色运动的范围，超出范围的角色活动不可见。

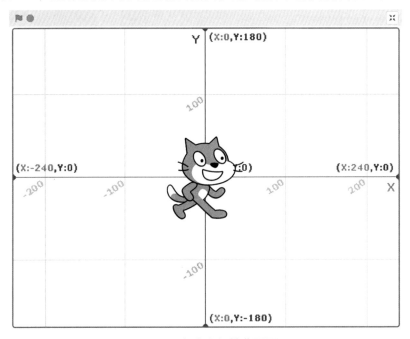

图 1-6　舞台坐标轴范围图

舞台区的布局如图 1-7 所示，分为舞台和功能键区。其中功能键区包含：程序开始按钮 、停止按钮 、布局模式切换按钮 、全屏演示模式切换按钮 。

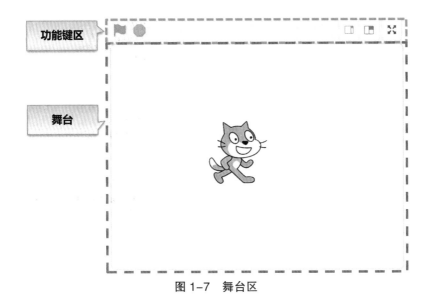

图 1-7　舞台区

1.4.3　编辑区

如果说舞台区是角色的表演区，那么编辑区则是角色的候场区。在这个区域可以给角色命名，调整角色的初始大小、位置、朝向、设置角色在舞台上是显示还是隐藏等。

如图 1-8 所示，该区域分成两个部分：一为角色编辑区，二为舞台编辑区。

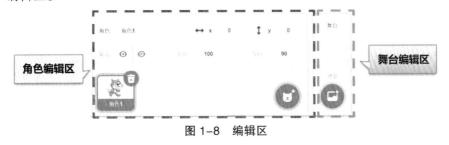

图 1-8　编辑区

角色编辑区主要显示选中角色的名称、坐标、显示\隐藏、大小、方向等信息；下方则显示已经导入的角色。角色编辑区各部分功能如图 1-9 所示。

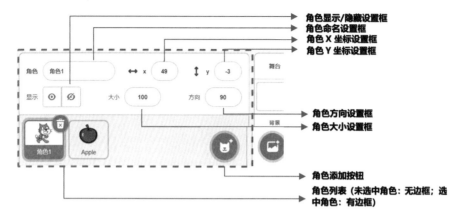

图 1-9　角色编辑区各部分功能示意图

舞台编辑区则显示了舞台背景信息，各部分功能如图 1-10 所示。

图 1-10　舞台编辑区各部分功能示意图

如图 1-11 所示，在编辑区中可通过单击"角色添加"按钮和"舞台背景添加"按钮新增角色和背景。两个按钮均提供了 4 种不同的新增方式：①在库中选择一个角色（或舞台背景）；②绘制一个角色（或舞台背景）；③在库中随机挑一个角色（或舞台背景）；④上传一个角色（或舞台背景）。

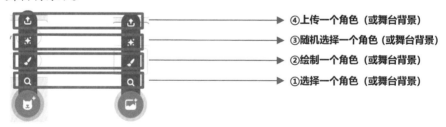

图 1-11　"角色添加"按钮和"舞台背景添加"按钮

【试一试】

（1）请尝试用不同的方法新建"角色"和"舞台背景"，观察"舞台编辑区"和"角色编辑区"的变化。

（2）在舞台上新增 2～3 个角色和背景后，在"角色编辑区"的"角色列表"中任意选中一个"角色"，观察 Scratch 软件"代码\造型\声音"功能操控区的变化，选中"舞台编辑区"的"舞台背景缩略图"按钮后，观察 Scratch 软件的"代码\造型\声音"功能操控区的变化。

1.4.4 "代码\造型\声音"功能操控区

"代码\造型\声音"功能操控区由 3 个部分组成，该区域最上方有"代码""造型""声音"3 个标签，选中不同的标签将打开相应的操控区。

1.4.4.1 "代码"标签页

如图 1-12 所示，选中"代码"标签后将打开"代码操控区"。该操控区由"积木操控区"和"脚本编辑区"组成。"积木操控区"提供了"运动""外观""声音""事件""控制""侦测""运算""变量"和"自制积木"9 个大类 100 余块积木块。不同类型的积木块用不同的颜色表示。当选定角色或舞台背景后，可以使用这些积木块在"脚本编辑区"为它们编写脚本，实现动画。

积木操控区   脚本编辑区

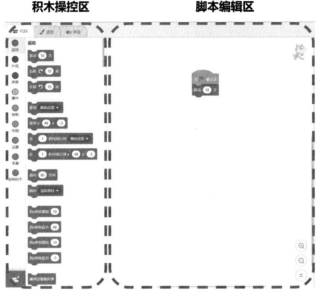

图 1-12　代码操控区

1. 积木和脚本的区别

积木：是指"积木操控区"各种类型的积木。

脚本：是指"脚本编辑区"实现某种效果的多个积木块组合。

2. "脚本编辑区"编写代码的常用操作技巧

直接拖曳：

（1）可将积木块从"积木操控区"直接拖入"脚本编辑区"进行脚本编辑。

（2）可在"脚本编辑区"直接拖曳积木块或脚本进行脚本编辑。

运行脚本：在"积木操控区"或"脚本编辑区"单击积木块或脚本可直接运行对应积木块或脚本。

给同一角色复制脚本：在"脚本编辑区"选中一段脚本单击右键，在弹出的快捷菜单中选中"复制"。

给其他角色复制脚本：在某个角色的"脚本编辑区"选中一段脚本后直接拖曳到角色列表的其他角色上（此时角色列表的接收角色会左右摇摆）。

　　删除积木块或脚本: 在"脚本编辑区"选中积木块或脚本后单击右键，在弹出的快捷菜单中选择"删除"，或者选中积木块或脚本后直接拖曳到"积木操控区"实现删除。

【练一练】

　　请区分图 1-13 中哪些是积木块，哪些是脚本。

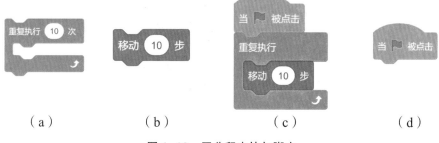

　　（a）　　　　　　（b）　　　　　　（c）　　　　　　（d）

图 1-13　区分积木块与脚本

1.4.4.2 "造型"标签页

　　选中"造型"标签后将打开"造型操控区"（如图 1-14 所示）。该操控区由"造型列表区"和"造型编辑区"组成。"造型操控区"左侧是"造型列表区"，包含角色拥有的所有造型，单击可选中该角色的不同造型。右侧是"造型编辑区"，"造型编辑区"提供了一些进行造型编辑的常用工具和按钮，如编辑区左侧有"选择""变形""画笔""橡皮擦""填充""文本""线段""圆""矩形"九大工具列表，上方有"复制""粘贴""删除"等其他常用编辑按钮，这些工具和按钮的用法，只要稍做尝试即可掌握。只是 Scratch 的造型绘制和编辑功能有限，只可进行简单的操作，更多的时候会选择用其他专业的图像处理软件如 Photoshop 等处理好图像后直接导入 Scratch 中使用。

造型列表区　　　　　　**造型编辑区**

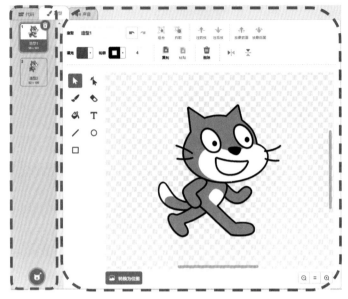

图 1-14　造型操控区

1. 造型与角色的区别

如图 1-15 所示，角色列表中显示的是角色，选中任意一个角色后单击"造型"标签将打开"造型操控区"，在造型列表中看到的即为该角色拥有的造型。一个角色可以有一种以上的多个造型，但一个角色在某一时刻在舞台上能且只能展现一种造型。

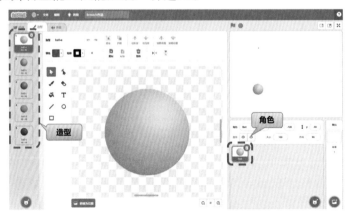

图 1-15　角色和造型

2. 矢量图和位图的区别（图 1-16）

矢量图：与分辨率无关，可以将它缩放到任意大小，不会影响清晰度。

位图：与分辨率有关，如果在屏幕上以较大的倍数放大显示图形，图像边缘会出现锯齿边。

矢量图转换为位图的方法：直接单击"造型编辑区"左下角的"转换为位图"按钮即可。

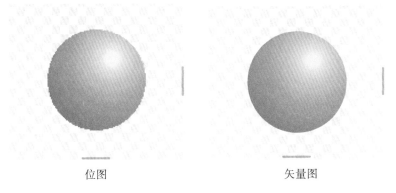

位图　　　　　　　　　　　　矢量图

图 1-16　矢量图与位图

1.4.4.3 "声音"标签页

选中"声音"标签后将打开"声音操控区"（如图 1-17 所示）。该操控区由"声音列表区"和"声音编辑区"组成。单击"声音列表区"最下方的按钮 🔊，在弹出的四个选项列表中可选择不同方式导入或录制声音，如选择 🔍 或 ✦ 可直接导入 Scratch 声音库中的声音文件、选择 🎤 可以录制新的声音、选择 ⬆ 可以从 Scratch 外部导入其他声音文件来为角色添加声音效果。

 Scratch 趣味编程

声音列表区　　　　　声音编辑区

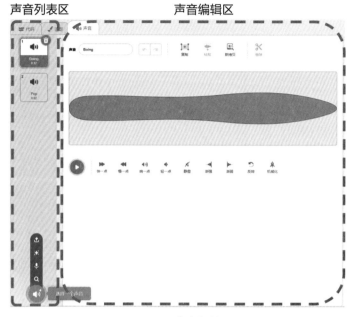

图 1-17　声音操控区

【练一练】

（1）新建一个 Scratch 文档，在舞台添加"Cat"角色，在脚本编辑区给"Cat"添加如图 1-18 所示的一段脚本。单击舞台上方的小绿旗按钮运行脚本，观察舞台中"Cat"的运动状态，试着理解这段脚本。

（2）尝试着修改脚本的参数即蓝色积木块中以数字显示的部分，观察"Cat"运动状态的变化。

（3）新建另一个角色，并将上述脚本复制给它，运行文档，观察两个角色的运动状态。

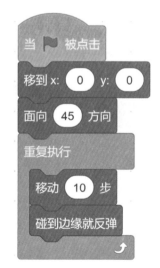

图 1-18　"Cat"脚本

1.5　第一个 Scratch 脚本

【案例名称】"猫咪追小球"动画制作。

【案例说明】舞台背景选用 Scratch 库提供的背景"Stripes"，角色选用 Scratch 库提供的"Cat"和"Ball"。当点击小绿旗时"Ball"在舞台上运动，碰到边界时会自动反弹，"Cat"则紧追着小球跑动。角色及舞台效果如图 1-19 所示。

图 1-19　"猫咪追小球"案例效果图

【操作提示】

1. 在舞台中导入舞台背景和角色

第一步：双击桌面 Scratch 图标 ，新建一个 Scratch 文档。

第二步：单击"舞台编辑区"的"背景添加"按钮 ，再单击

 ，在舞台背景库中选择名为"Stripes"的背景，即可看到"Stripes"成为了舞台背景。

Scratch 趣味编程

第三步：单击"角色编辑区"的"角色添加"按钮 ⬤ ，再单击

🔍 ，在库中选择名为"Cat"和"Ball"的两个角色，即可看到舞台上
出现了所选的角色。

2.编辑"Cat"和"Ball"两个角色的脚本

第一步：在角色列表区选中角色"Cat"，在"脚本编辑区"完成
如图1-20（a）所示脚本的输入及编辑，体会该段脚本的含义。

第二步：在角色列表区选中角色"Ball"，在"脚本编辑区"完成
如图1-20（b）所示以下脚本的输入及编辑，体会该段脚本的含义。

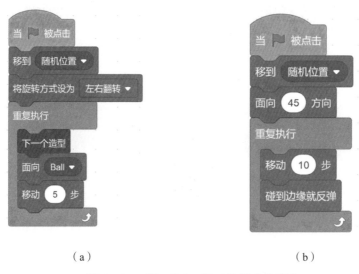

（a）　　　　　　　　　　　　　　　（b）

图1-20　　"Cat"和"Ball"的参考脚本

3.运行及调试程序

第一步：单击舞台上方的小绿旗按钮 🚩 运行程序，观察"Cat"
和"Ball"角色的运动状态。

第二步：尝试修改两段脚本中的 移动10步 积木，观察角色的运动状态，
体会该积木的使用技巧。

第 2 章　Scratch 积木模块

在第 1 章中，我们知道了什么是 Scratch，Scratch 能做什么，Scratch 的工作环境，也尝试了制作第一个 Scratch 脚本。在这一章中，我们将围绕 Scratch 的各个积木模块，分模块展现 Scratch 的魅力，并通过简单有趣的项目案例实践，提升大家的编程技巧。

2.1　运动积木

2.1.1　运动积木简介

运动积木，顾名思义是控制角色的位置、方向、旋转和移动的积木，表 2-1 列出了运动积木模块的所有积木的功能说明。

表 2-1　运动积木模块中所有积木的功能说明

序号	积木	说明
1	移动 10 步	让角色移动一段距离；积木块中的数字即为角色从当前位置开始前移（或后移）的距离，数字可以是正数或负数
2	右转 ↻ 15 度	让角色向右旋转；在积木块的数字方框中输入你想要角色旋转的角度度数，可以是正值或负值，如果输入负值，角色将向相反的方向旋转
3	左转 ↺ 15 度	让角色向左旋转；在积木块的数字方框中输入你想要角色旋转的角度度数，可以是正值或负值，如果输入负值，角色将向相反的方向旋转
4	移到 随机位置 ▼	让角色移动到随机位置或者鼠标位置；通过下拉菜单可以选择随机位置或鼠标位置
5	移到 x: 0 y: 0	让角色移动到指定的坐标位置；x 坐标范围为 –240 到 240，y 坐标范围为 –180 到 180；常用于角色初始化位置的设置

序号	积木	说明
6	在 1 秒内滑行到 随机位置▼	让角色在指定的时间滑动到随机位置或鼠标指针的位置。通过下拉菜单可以选择随机位置或鼠标位置
7	在 1 秒内滑行到x: 0 y: 0	让角色在指定的时间滑动到指定的 x 坐标和 y 坐标的位置
8	面向 90 方向	设置当前角色的朝向。常用于角色初始化方向的设置
9	面向 鼠标指针▼	让角色始终面向鼠标或者其他角色。通过下拉菜单可以选择面向鼠标或其他角色
10	将x坐标增加 10	改变角色位置的 x 坐标值，正值向右移动，负值向左移动
11	将x坐标设为 0	设置角色的 x 坐标值
12	将y坐标增加 10	改变角色位置的 y 坐标值，正值向上移动，负值向下移动
13	将y坐标设为 0	设置角色的 y 坐标值
14	碰到边缘就反弹	如果角色运动过程中碰到舞台边缘就反弹
15	将旋转方式设为 左右翻转▼	用来设置角色反弹时，角色的旋转方式
16	☐ x 坐标	显示角色的 x 坐标。点击（积木左侧的）勾选框可在舞台上显示对应的监视器，也可以作为参数置于其他积木内
17	☐ y 坐标	显示角色的 y 坐标。点击（积木左侧的）勾选框可在舞台上显示对应的监视器，也可以作为参数置于其他积木内
18	☐ 方向	显示角色的方向。点击（积木左侧的）勾选框可在舞台上显示对应的监视器，也可以作为参数置于其他积木内

2.1.2 案例项目

案例 1 旋转积木的应用

【案例名称】"让字母 A 旋转一周"动画制作。

【案例要求】实现当点击小绿旗时，脚本运行，角色"Glow-A"旋转一周后自动停止。

【脚本提示】

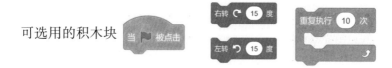

可选用的积木块

第一步：添加角色。在舞台中添加角色库中的角色"Glow-A"，将其放在舞台中的合适位置。

第二步：编辑角色"Glow-A"的脚本。因为需要旋转一周，

故  的重复次数和 的旋转度数的乘积需等于一周

（360°）。又因为要完成一个完整的一周旋转，角色开始的方向需要确定，

否则每次的旋转初始状态会不一样，可使用 面向 90 方向 设置旋转初始方

向。参考如图 2-1 所示脚本。案例效果见图 2-2。

图 2-1 "让字母 A 旋转一周"的参考脚本

【案例效果截图】

（a）　　　　　　　　（b）　　　　　　　　（c）

图 2-2　"让字母 A 旋转一周"案例效果图

【想一想】

（1）旋转角度与重复执行次数对角色旋转的影响。

（2）角色初始的位置及方向对动画的影响。

【试一试】

（1）可以尝试调整重复的次数与旋转的角度，看看字母的运动效果。

（2）请试试用 3 种方式实现"让字母 A 旋转一周"。

（3）请试试"让字母 A 不停地旋转"。

案例 2　移动积木和滑行积木的应用

【案例名称】"滑来滑去"动画制作。

【案例要求】实现当小绿旗被点击时，角色从舞台的右下方滑动到舞台的左上方某位置再滑动到舞台右上方的某位置。

【脚本提示】

　实现位置的初始化，

在 1 秒内滑行到 x: 0 y: 0 实现角色滑动到指定位置。

第一步：添加角色和舞台背景。在舞台中添加角色库中的角色"Crab"，添加舞台背景库中的背景"Underwater 1"。

第二步：编辑角色"Crab"的脚本。因要实现角色从舞台的右下方滑动到舞台的左上方某位置再滑动到舞台右上方的某位置，这里就涉及 3 个关键点，第一个点为起点，第二个点为舞台左上方某位置，第三个

点为舞台右上方的某位置。起点可以用 移到x: 0 y: 0 积木实现位置的

初始化，第二和第三个关键点可用 在 1 秒内滑行到x: 0 y: 0 积木实现

滑动后定位（图2-3）。案例效果图见图2-4。

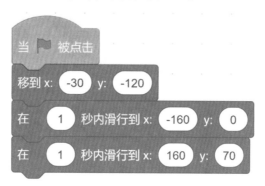

图2-3 "滑来滑去"的参考脚本

【案例效果截图】

（a）   （b）

图2-4 "滑来滑去"案例效果图

【想一想】

（1）移动积木和滑行积木的区别。

（2）角色在移动或滑行的过程中如果碰到了舞台的边缘，会发生什么？需要如何处理？

【试一试】

请任意选择一个角色，在该角色上应用移动积木（ 移动 10 步 、 移到 随机位置 、 移到 x: 0 y: 0 ）以及滑行积木（ 在 1 秒内滑行到 随机位置 、 在 1 秒内滑行到 x: 0 y: 0 ），总结移动积木和滑行积木的区别。

案例 3　运动积木和事件积木的应用

【案例名称】自由走动。

【案例要求】实现能使用键盘的“↑”“↓”“→”“←”键，使在舞台上的角色向相应的方向进行移动。

【脚本提示】

当按下 ↑ 键 、 当按下 ↓ 键 、 当按下 → 键 、 当按下 ← 键 实现使用方向键触发角色执行接在以上积木后的脚本。

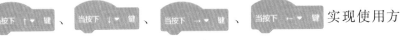

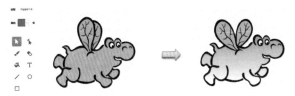

将x坐标增加 10 、 将y坐标增加 10 实现使角色上下移动和左右移动的积木块。

第一步：添加角色和舞台背景。在舞台中添加角色库中的角色“Hippo1”，添加舞台背景库中的背景“Space City 1”。

第二步：编辑角色“Hippo1”的脚本。在角色“Hippo1”的造型编辑区用“填充”工具尝试修改角色的填充颜色（图 2–5）。

图 2–5　用“填充”工具修改角色的填充颜色

由于要实现使用键盘方向键"↑""↓""←""→"控制角色向箭头所示的方向移动，因此需使用  积木来触发移动。方向键"←""→"控制角色的移动是 x 轴坐标改变 y 坐标不变，可使用脚本

 ；方向键"↑""↓"控制角色的移动是 x

轴坐标不变 y 坐标改变，可使用脚本 ，。当角色使用了以上四组脚本后便能实现在舞台上的移动了。

移动角色发现，当角色移动到舞台边缘的时候如果仅仅使用以上脚本会移出舞台，所以建议在每组脚本后添加 、 来防止角色移出舞台（图 2-6）。案例效果见图 2-7。

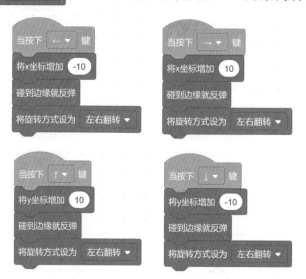

图 2-6 "自由走动"案例参考脚本

【案例效果截图】

（a）　　　　　　　　　　（b）

图 2-7　"自由走动"案例效果图

【想一想】

（1）对比一下两个积木块对角色运动方向的影响 将x坐标增加 10 、

将y坐标增加 10 ，说一说理由。

（2）还有其他的积木块组合也能实现角色自由地走动吗？

【试一试】

试试下列脚本，看是否也能实现这个案例（图 2-8）。

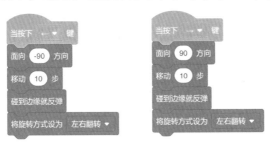

图 2-8　"自由走动"案例参考脚本

案例 4　拓展练习

【案例名称】"章鱼追海星 V1.0"游戏制作。

【案例要求】"Starfish"在海底随机地变换位置，"Octopus"可以

用键盘上的方向键控制其在海底上下左右的自由移动，实现"Octopus"追赶"Starfish"的游戏效果。

【脚本提示】

第一步：添加角色和舞台背景。 在舞台中添加角色库中的角色"Starfish"和"Octopus"，添加舞台背景库中的背景"Underwater 1"。

第二步：编辑角色"Starfish"的脚本。 "Starfish"需实现在海底随机地变换位置，可选用 `在 1 秒内滑行到 随机位置 ▼` 积木来实现，为了避免移动超出舞台，可结合 `碰到边缘就反弹` 积木和 `将旋转方式设为 左右翻转 ▼` 积木。

第三步：编辑角色"Octopus"的脚本。 "Octopus"主要需实现用键盘上的方向键控制其在海底上下左右的自由移动，脚本可参考案例3。

完成的脚本可参考图2-9、图2-10所示。案例效果见图2-11。

图2-9 "Octopus"的参考脚本

图 2-10　"Starfish"的参考脚本

【案例效果截图】

（a）　　　　　　　　　　　　（b）

图 2-11　"章鱼追海星 V1.0"案例效果图

【想一想】

为了让游戏更加生动，可以在章鱼追赶海星的游戏过程中再添加一些什么样的元素呢？

【试一试】

请动手写一个脚本试一试使"Starfish"在移动的过程中变换造型，"Octopus"在追赶的过程中变换造型。

2.2 外观积木

上一小节介绍了运动积木，该模块的积木主要用来设置角色的移动和旋转、角色的位置、角色的移动方向等。本节将进入外观积木模块的介绍，这类积木的主要功能是实现角色外观的改变及角色造型的变化。

2.2.1 外观积木简介

外观积木是通过改变造型或舞台背景影响角色和舞台的外观的积木，还有能够显示文本的积木。表 2-2 列出了外观积木模块的所有积木的功能说明。

表 2-2　外观积木模块中所有积木的功能说明

序号	积木	说明
1	说 你好！ 2 秒	让角色说话，内容会以对话泡泡的方式呈现，在指定时间后自动隐藏
2	说 你好！	让角色说话，内容会以对话泡泡的方式呈现。可以输入任何文字；文字不会自动隐藏
3	思考 嗯…… 2 秒	用想象泡泡的方式来显示文字，表达角色心中所想，在指定时间后自动隐藏
4	思考 嗯……	用想象泡泡的方式来显示文字，表达角色心中所想；文字不会自动隐藏
5	换成 造型2 ▼ 造型	用来改变角色造型；下拉菜单中可选择角色拥有的所有造型
6	下一个造型	按角色造型列表的顺序依次切换到下一个造型；当到达列表的底端时会再次回到第一个造型

序号	积木	说明
7	换成 背景1 ▼ 背景	用来改变舞台的背景；从下拉菜单中可选择不同舞台背景
8	下一个背景	按舞台背景列表的顺序依次切换到下一个舞台背景；当到达列表的底端时会再次回到第一个背景
9	将大小增加 10	用来改变角色的大小；参数可为正值或负值
10	将大小设为 100	将一个角色的大小直接设置为其初始大小的一个百分比；注意：角色的大小是有限制的，你可以尝试看看它的上限和下限
11	将 颜色 ▼ 特效增加 25	为角色加上某种特效，并可以增加或减少指定特效的强度；参数可为正值或负值。单击下拉箭头可进行特效的选择，有颜色、鱼眼、漩涡、像素化、马赛克、亮度和虚像
12	将 颜色 ▼ 特效设定为 0	将角色某种特效强度设定为某个指定值；单击下拉箭头可进行特效的选择，有颜色、鱼眼、漩涡、像素化、马赛克、亮度和虚像
13	清除图形特效	用来清除角色上所有添加的特效；常用于初始化
14	显示	让角色在舞台上显示
15	隐藏	让角色在舞台上隐藏
16	移到最 前面 ▼	用来将指定角色移动到其他角色图层之前或者之后显示
17	前移 ▼ 1 层	用来将指定角色的图层向前或向后移动 1 层或多层
18	造型 编号 ▼	获取角色当前造型的编号或名称，点击（积木左边的）勾选框可以在舞台上显示对应的监视器
19	背景 编号 ▼	获取舞台当前背景的编号或名称，点击（积木左边的）勾选框可以在舞台上显示对应的监视器
20	大小	获取角色大小相对于其初始大小的百分比，点击（积木左边的）勾选框可在舞台上显示对应的监视器

2.2.2 案例项目

案例 1　说积木和改变角色大小积木的应用

【案例名称】"变大变小 V1.0"动画制作。

【案例要求】执行这个脚本，会看到当"Wizard"和"Elf"的对话结束后，"Wizard"施展魔法，先把"Elf"逐渐变小，然后把它逐渐变大，直到恢复成原来的大小。

【脚本提示】

第一步：添加角色和舞台背景。在舞台中添加角色库中的角色"Wizard"和"Elf"，添加舞台背景库中的背景"Witch House"。

第二步：编辑角色"Wizard"和"Elf"的脚本。

场景一　"Wizard"和"Elf"的对话场景。

该场景主要使用 `说 你好! 2 秒` 积木实现角色的语言交流。对于两个角色，如果同时使用 `当 ⚑ 被点击` 触发脚本，那么需要特别注意对话过程中两角色的脚本要有时间先后配合。可以使用 `等待 1 秒` 积木来调整对话的时间差。同时，为了让对话过程更加生动，可以使用 `换成 造型2 ▼ 造型` 积木实现角色在对话过程中造型变化。为了让通过造型改变而实现的动画过程更为自然，可以使用 `等待 1 秒` 调整时间间隔，使造型改变更为流畅。

实现该场景中两个角色的面对面需要利用"角色编辑区"。将"Elf"的方向设为 -90 `角色 Elf  ↔ x 166  ↕ y -44  显示 ⊙ ⊘  大小 80  方向 -90`，然后单击"左右翻转"按钮 。

场景二　"Elf"变大变小场景。

该场景主要使用 `将大小增加 10` 或 `将大小设为 100` 积木实现。请对比将大小增加 10 和 将大小设为 100 对角色大小变化的影响，选择较为自然的方式变大和变小。案例效果见图 2-12。案例参考脚本见图 2-13。

【案例效果截图】

（a）　　　　　　　　　　　　（b）

（c）　　　　　　　　　　　　（d）

图 2-12　"变大变小 V1.0"案例效果图

（a）"Wizard"的参考脚本　　　（b）"Elf"的参考脚本

图 2-13　"变大变小 V1.0"案例的参考脚本

【想一想】

（1）当角色加入舞台后，有时和舞台相比会太大或太小，需要调整到合适的大小。请问调整角色大小有些什么方法呢？

（2）请对比脚本  和 对角色大小变化的影响。

【试一试】

请分别利用脚本 ，观察角色变大变小的区别。

案例2　隐藏和显示积木的应用

【案例名称】"隐藏和显示"动画制作。

【案例要求】实现当小绿旗被点击时，"Wizard"说："我可以让你隐身，也可以让你现身！""Elf"说："真的吗？"对话结束2秒后，"Wizard"施展魔法，说："隐身！"，"Elf"隐身；"Wizard"再次施展魔法，说："现身！"，"Elf"再次现身。

【脚本提示】

第一步：添加角色和背景。在舞台中添加软件库中的角色"Wizard"和"Elf"，添加软件库中的背景"Witch House"。

第二步：编辑角色"Wizard"和"Elf"的脚本。

场景一　"Wizard"和"Elf"的对话场景。

实现方式同案例1。

场景二　"Elf"隐藏和显示场景。

主要使用 显示 和 隐藏 这两种积木。案例效果见图2-14。案例参考脚本见图2-15。

【案例效果截图】

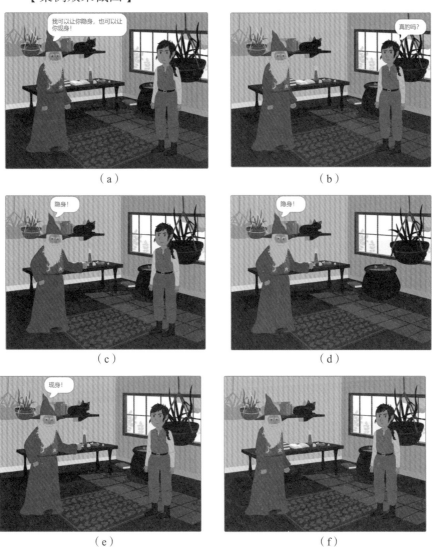

图 2-14　"隐藏和显示"案例效果图

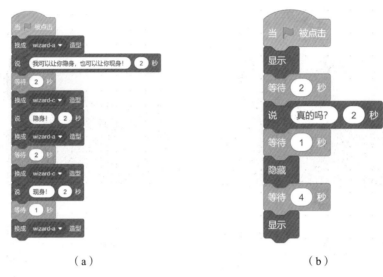

（a）　　　　　　　　　　（b）

图 2-15　"隐藏和显示"案例的参考脚本

【想一想】

除了案例 1 的使"Elf"变大变小，案例 2 的使"Elf"隐藏和显示，还可以想到"Wizard"可以施展的其他魔法吗？如果有，请试一试。

案例 3　改变特效积木的应用

【案例名称】"魔法斗恶龙"游戏制作。

【案例要求】

场景一：在舞台背景库中的"Witch House"背景下，"Wizard"对"Elf"说："Elf，记住，要对付恶龙，就按下数字键 1、2 和 3。按下空格键，你的魔法就消失了。""Elf"充满信心地对"Wizard"说："好的，我去深山寻宝了。"

场景二：背景切换到"Mountain"，"Elf"回想起"Wizard"的话，按下数字键 1、2、3 和空格键，让"Elf"和"Dragon"展开搏斗！（其中，按下数字键 1 的魔法效果用"颜色特效增加 25"实现，按下数字键 2 的魔法效果用"马赛克特效增加 10"实现，按下数字键 3 的魔法效果用"将虚像特效增加 25"实现）

【脚本提示】

第一步：添加角色和舞台背景。在舞台中添加角色库中的角色

"Wizard""Elf""Dragon"，添加舞台背景库中的背景"Witch House"和"Mountain"。

　　第二步：编辑"Wizard"与"Elf"对话场景中角色"Wizard"和"Elf"的脚本。

　　两个角色间的对话主要用说积木 实现，需注意的是两个角色的脚本要有时间先后的配合。

　　第三步：编辑魔法斗恶龙场景中角色"Elf"和"Dragon"的脚本。首先要使用 换成 背景1 背景 积木来实现背景之间的切换。"Dragon"受到魔法的影响后，形态的变化可使用改变特效积木 将 颜色 特效增加 25 实现。注意先用事件积木 当按下 空格 键 设置由什么按键触发脚本，然后用改变特效积木 将 颜色 特效增加 25 设置特效。单击"颜色"下拉箭头，可以选择"鱼眼""漩涡""像素化""马赛克""虚像"等特效。案例效果见图 2-16 和图 2-17。案例参考脚本见图 2-18 至图 2-20。

　　【案例效果截图】

（a）

（b）

（c）

图 2-16　"魔法斗恶龙"案例场景一效果图

（a）

（b）

（c）

（d）

图 2-17 "魔法斗恶龙"案例场景二效果图

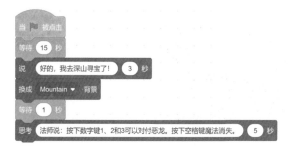

图 2-18 "Wizard"的参考脚本

图 2-19 "Elf"的参考脚本

图 2-20　"Dragon"的参考脚本

【想一想】

多背景动画如何合理地触发背景的切换？体会参考脚本中背景切换的脚本。

【试一试】

尝试用其他的方式实现背景的切换。

2.3 事件驱动积木

运用前两小节的运动积木和外观积木已经能让我们进行简单的动画和游戏作品的实现，本节将要学习事件驱动积木块，这些积木可以使得作品的互动更为流畅。

2.3.1 事件驱动积木简介

事件驱动积木是负责在事件发生时触发脚本执行的积木。表 2-3 列出了事件驱动积木模块所有积木的功能说明。

表 2-3 事件驱动积木模块中所有积木的功能说明

序号	积木	说明
1	当 ▶ 被点击	当小绿旗被点击时开始执行积木块后续脚本程序
2	当按下 空格 ▾ 键	当指定的按键被按下时开始执行积木块后续脚本；通过下拉菜单，可以选择其他指定的按钮；只要指定的按键被按下，脚本就会开始执行
3	当角色被点击	当角色被点击时开始执行积木块后续脚本
4	当背景换成 背景1 ▾	当切换到指定背景时开始执行积木块后续脚本
5	当 响度 ▾ > 10	当所选的属性（响度或计时器）的属性值大于指定的数字时，开始执行积木块后续脚本，可以从下拉菜单中选择属性
6	当接收到 消息1 ▾	当角色接收到指定的广播消息时开始执行积木块后续脚本
7	广播 消息1 ▾	给所有角色和背景发送消息，用来告诉它们现在该做某事了；点击箭头选择要发送的消息；选择"新消息"来输入内容

序号	积木	说明
8	广播 消息1 ▾ 并等待	给所有角色和背景发送消息，告诉他们现在该做某事了，事情做完后一直等到下一个事件驱动积木；点击箭头选择要发送的消息；选择"新消息"来输入内容

2.3.2　案例项目

案例 1　响度事件积木的应用

【案例名称】"怦然心动"动画制作。

【案例要求】脚本执行时，"Heart"的颜色会随着输入声音的大小变化而变化。

【脚本提示】

第一步：添加角色和舞台背景。在舞台中添加角库中的角色"Elf""Heart"，添加舞台背景库中的背景"Light"。

第二步：添加文字角色。可以直接在角色的造型编辑区编辑，也可以利用其他软件（如 Photoshop 软件、Office 软件等）编辑好文字后以图片的方式导入 Scratch 作为角色使用。

直接在角色的造型编辑区的编辑步骤：单击"绘制"按钮，在文字角色的"造型面板"中利用"文字"工具输入文字"有声音就有心动"，使用面板中相关工具调整文字的字体、大小、颜色。

第三步：编辑"Elf"角色的脚本。"Elf"首先需在点击小绿旗时有一个初始状态，然后通过说积木显示出文字提示"有声音就有心动"，在"Heart"开始跳动后通过变化造型显示出自己的心情。

第四步：编辑"Heart"角色的脚本。首先，实现跳动的心的功能这个"Heart"角色需要多准备几个造型，造型可以是颜色的变化、形态的变化、组合的变化等。如、、、、

这种颜色变化系列，或、、这种添加文字的组

合系列，或 这种变化更大的系列等。其次，跳动

的心需使用  积木来接收外部的声音,当声音达到某值时即可引发"Heart"角色造型的变化,出现怦然心动的效果。案例效果见图2-21。案例参考脚本见图2-22和图2-23。

【案例效果截图】

(a)

(b)

图2-21 "怦然心动"案例效果图

图2-22 "Elf"的参考脚本

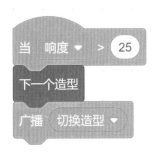

图 2-23　"Heart"的参考脚本

【想一想】

"Elf"和"Heart"间的互动如何实现?

【试一试】

（1）多做尝试，看看 ![当 响度 > 10] 的响度设为多少时触发角色的动画比较合适。

（2）在网页上下载几张小狗的图片，导入 Scratch 中作为小狗角色的不同造型，实现一个简单的动画。

案例 2　当角色被点击事件积木的应用

【案例名称】"古堡探险"动画制作。

【案例要求】本作品由三个场景组成，两个人物角色在不同场景中以对话的形式推动情节发展，对话完成后单击"Next Button"角色进入下一个场景。

场景一： "Elf"和"Avery"发现了一座古堡，两人简单交流后决定前往古堡一探究竟。

场景二： 当两人走到古堡门前，发现门居然是虚掩的，两人简单交流后推开门进入古堡。

场景三： 进入古堡后，发现里面空无一人，"Elf"轻喊了一声：

"有人吗？"随后出现旁白：接下来会发生什么呢？请你把故事继续讲下去……

【脚本提示】

第一步：添加角色和舞台背景。添加舞台背景库中的 3 个背景："Castle 1" "Castle 2" "Castle 3"；添加角色库中的 3 个角色："Elf" "Avery" "Next Button"；绘制或者导入一个提示文字角色"Text"用于场景三的旁白。

第二步：实现"场景一：发现古堡"各角色的脚本。

角色"Elf" "Avery" "Next Button"的初始化设置。"Elf" "Avery" 角色的初始位置用  设置、初始造型用 换成 elf-a ▼ 造型 设置，第一场景的背景用 当角色被点击 换成 Castle 1 ▼ 背景 设置。

角色"Elf"和"Avery"的对话设置。用说积木完成，注意两角色对话间时间先后的配合。

单击角色"Next Button"进入下一场景功能的设置。可使用脚本  来实现。

第三步：实现"场景二：古堡门前"各角色的脚本。

本场景中"Elf" "Avery" "Next Button"这 3 角色的脚本类似于场景一，但需使用 当背景换成 Castle 1 ▼ 来触发本场景中各个角色的相关脚本。

第四步：实现"场景三：进入古堡"各角色的脚本。

角色 1 "Elf"主要实现边换造型边说话。

角色 2 "Avery"简单地换个造型。

角色 3 "Next Button"单击进入下一场景。

角色 4 提示文字角色"Text"可在 Scratch 的角色编辑区编辑直接进行创作，也可以使用其他软件编辑完成后转为图片导入 Scratch。

简单介绍在 Scratch 的角色编辑区编辑直接创作的常用方法。

如图 2-24 所示，在角色编辑区单击"绘制"，然后在造型编辑区出现的空白画板中绘制一个填充色为白色、无边框色的矩形，然后使用文字工具在矩形内输入提示文字。案例效果见图 2-25 至图 2-27。案例参考脚本见图 2-28 至图 2-31。

（a）　　　　　　　　　　　　　　　　　　（b）

图 2-24　在 Scratch 角色编辑区中输入提示文字

【案例效果截图】

（a）　　　　　　　　　　　　　　　　　　（b）

图 2-25　"古堡探险"场景一效果图

（a）　　　　　　　　　　　　　　　　　　（b）

图 2-26　"古堡探险"场景二效果图

（a）

（b）

图 2-27　"古堡探险"场景三效果图

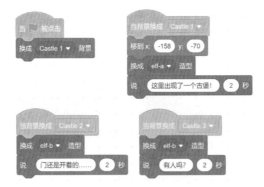

图 2-28　"Elf"的参考脚本

图 2-29　"Avery"的参考脚本

图 2-30 "Next Button"的参考脚本

图 2-31 提示文字的参考脚本

【想一想】

还有其他的方式实现场景之间的切换吗？如果有，请动手试一试。

案例 3 广播消息和接受消息事件积木的应用（一）

【案例名称】"变大变小 V2.0"动画制作。

【案例要求】用  积木组进行互动，推动情节发展。执行这个脚本，会看到当"Wizard"和"Elf"的对话结束后，魔法师施展魔法，先把"Elf"逐渐变小，再把它逐渐变大，直到恢复原状。

【脚本提示】

"Wizard"和"Elf"的语言交流及"Elf"变大变小的过程可参考 2.2.2 案例 1"变大变小 V1.0"，但"变大变小 V1.0"是根据时间的先后顺序推动情节的发展，而"变大变小 V2.0"则是利用  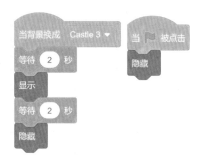 积木组实现互动。

Scratch 趣味编程

案例效果见图 2-32。案例参考脚本见图 2-33 和图 2-34。

【案例效果截图】

图 2-32 "变大变小 V2.0"案例效果图

图 2-33　"Wizard"的参考脚本

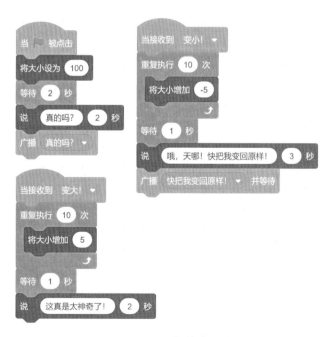

图 2-34　"Elf"的参考脚本

案例 4　广播消息和接受消息事件积木的应用（二）

【案例名称】"章鱼追海星 V2.0"游戏制作。

【案例要求】

角色 1："Octopus"能够使用上下左右键在海底自由移动。

角色 2："Starfish"在海底自由滑行。

相遇场景：当"Octopus"和"Starfish"相遇时，"Starfish"缩小为 50% 的大小后对"Octopus"说："'Octopus'，你好！"，等待 3 秒后"Starfish"恢复到 80% 的大小；相遇时，"Octopus"缩小为 80% 的大小，等待 3 秒后恢复到原来的大小，并回复："'Starfish'，你好！"。停止所有脚本。

【脚本提示】

"Starfish"在遇到"Octopus"前，重复使用 在 (1) 秒内滑行到 随机位置 ▼ ，

实现在海底的自由游动；遇到"Octopus"时，①使用  实现大小变为 50% 后又变为 80%，该段脚本中的"等待积木"是为了能看清角色大小的变化，②在 积木中二选一，向"Octopus"角色发出相遇的信号。

"Octopus"在接收到"Starfish"发出的相遇信号前，"Octopus"能使用键盘的"↑""↓""←""→"键自由移动（实现方法同前"章鱼追海星 V1.0"），使用 当接收到 相遇 ▼ 积木来接收相遇信号；当接到相遇信号后，使用 实现"Octopus"大小的改变及对话交流。

案例效果见图 2-35 和图 2-36。案例参考脚本见图 2-37 和图 2-38。

【案例效果截图】

图 2-35　"Starfish"和"Octopus"自由移动效果图

（a）　　　　　　　　　　　　（b）

图 2-36　"Starfish"和"Octopus"相遇后效果图

图 2-37   "Starfish"的参考脚本

图 2-38   "Octopus"的参考脚本

【想一想】

这两块  积木在使用过程中的差别是什么？

【试一试】

当"Octopus"和"Starfish"相遇时，除了改变大小，还能有其他的变化吗？如果有，请动手试一试。

2.4　声音和音乐积木

声音作为一种"不可见"的元素，在 Scratch 的游戏和动画作品中扮演着举足轻重的角色。带声音的对话，有趣的背景音乐，造型切换时的声音元素，均能刺激到受众的听觉，给人带来更为立体的作品感受。本节将介绍常规积木模块的声音积木和扩展积木模块的音乐积木两类声音积木。

2.4.1　声音积木简介

声音积木是控制音符和音频文件的播放和音量大小的积木。表 2-4 列出了声音积木模块的所有积木的功能说明。

表 2-4　声音积木模块中所有积木的功能说明

序号	积木	说明
1	播放声音　喵　等待播完	播放一个特定的声音并等待声音播放完毕；从下拉菜单中可以选择声音
2	播放声音　喵	播放一个特定的声音；该积木会开始播放声音但不会等到声音播完便会立刻执行下一个积木；从下拉菜单中可以选择声音

序号	积木	说明
3	停止所有声音	停止播放所有的声音
4	音量	获取角色的音量，点击（积木左边的）勾选框可在舞台上显示对应的监视器，也可作为参数置于其他积木中
5	将 音调 ▼ 音效增加 10	将播放声音的音调或左右平衡增加指定的数值
6	将 音调 ▼ 音效设为 100	将播放声音的音调或左右平衡设置为指定的数值
7	清除音效	清除所有音效
8	将音量增加 -10	用来改变音量
9	将音量设为 100 %	用来设置音量为其初始大小的一个百分比

2.4.2 案例项目

案例 1 初尝声音积木

【案例名称】奏乐。

【案例要求】脚本执行时，点击舞台上不同的乐器将会有造型切换，同时听到乐器发出声音。

【脚本提示】

舞台背景与角色：背景选自舞台背景库中的"Theater2"，角色选自角色库中的"Drum-snare""Drum-cymbal"，两个角色各自都有几种造型。背景、角色的分布可参考图 2-39。

图 2-39　背景、角色的分布

角色"**Drum-snare**"：在它的声音编辑区里可看到已有的声音文件"tap snare""flam snare"和"sidestick snare"，此时可以单击"添加声音"按钮，从声音库中选择其他合适的声音，如"drum""drum bass1"等。选中角色"Drum-snare"，开始编写脚本。注意造型的切换。参考代码如图 2-40（a）所示。

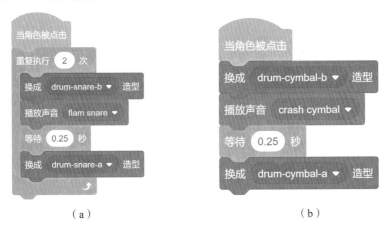

（a）　　　　　　　　　　　　（b）

图 2-40　"Drum-snare"和"Drum-cymbal"的参考脚本

角色"**Drum-cymbal**"：角色有两种造型，在它的声音编辑区里可看到已有的声音文件"crash cymbal""splash cymbal""bell cymbal"和"roll cymbal"，单击"添加声音"按钮，从声音库中选择其他合适的声音文件。参考代码如图 2-40（b）所示。

【案例效果截图】

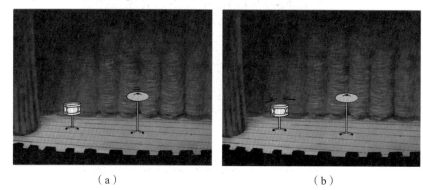

（a）　　　　　　　　　　　（b）

图 2-41　"奏乐"案例效果图

案例参考脚本见图 2-42 和图 2-43。

图 2-42　"Drum-snare"的参考脚本

图 2-43　"Drum-cymbal"的参考脚本

【试一试】

请听听软件声音库中的各种声音，请尝试在网络上下载各种声音文件，看能否导入软件中使用。

案例 2　添加背景音乐及给角色配音

【案例名称】"章鱼追海星 V3.0"游戏制作。

【案例要求】作品在之前案例"章鱼追海星 V2.0"版本的基础上增加了优美的背景音乐，当"Octopus"和"Starfish"相遇时，不仅"Starfish"和"Octopus"的大小发生改变，同时添加碰撞声，使相遇的时刻更为生动。此外，为"Octopus"和"Starfish"相遇时的对话过程添加配音。

【脚本提示】

第一步：打开"章鱼追海星 V2.0.sb3"文件。启动 Scratch，选择"文件"菜单的"从电脑上传"命令，打开"章鱼追海星 V2.0.sb3"文件。

第二步：导入背景音乐文件。在"舞台编辑区"选中"舞台背景缩略图"，点击"声音"标签，进入"舞台背景"的"声音编辑区"。点击"声音编辑区"中的"添加声音按钮" ，在展开的菜单中点击"上传声音按钮" ，即可在"打开"窗口中选择软件素材库外的声音文件导入。本案例使用的是本书素材库提供的"oceanchasing.mp3"声音文件，属于自带素材库之外的文件。由于文件稍大，在"打开"窗口中选中该文件后需等待几秒钟才能完成导入，导入后"声音编辑区"如图 2-44 所示。使用图 2-44 所示的编辑区中的"快一点""慢一点""回声""机械化""响一点""轻一点""反转"这些按钮，可以对声音进行简单的编辑。

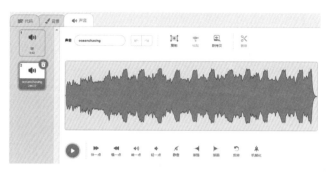

图 2-44　声音编辑区

第三步：为作品添加背景音乐。点击"代码"标签，进入"舞台背景"的"代码编辑区"。输入如图 2-45 所示代码，给作品加入了背景音乐。

图 2-45　为作品添加背景音乐

第四步：为角色相遇时添加碰撞声。在角色列表中选中"Starfish"后点击"声音"标签，进入"Starfish"的"声音编辑区"。在 Scratch 的声音素材库中选择"Oops"声音文件，添加到"Starfish"的声音列表。如图 2-46 所示。点击"代码"标签，进入"Starfish"的"代码编辑区"。在如图 2-47 所示位置添加声音积木。

图 2-46　将声音文件添加到"Starfish"的声音列表

图 2-47　添加声音积木

　　第五步：为角色录制相遇时的配音。在角色列表中选中"Octopus"后点击"声音"标签，进入"Octopus"的"声音编辑区"。点击声音编辑区中的"添加声音按钮"　　，在展开的菜单中点击"录制声音"按钮　　，打开如图 2-48（a）所示的"录制声音"对话框。点击"录制"按钮，开始录制声音"小海星，你好！"，录制完成后出现如图 2-48（b）所示的面板，点击"播放"按钮可以试听，点击"重新录制"按钮可以重录，点击"保存"按钮即完成声音录制，在"Octopus"的"声音列表"中出现临时文件名为"recording1"的声音文件，如图 2-44 所示，可在声音编辑面板中修改声音文件的名字为"小海星，你好！"选择编辑区合适的工具进行声音的简单编辑，声音文件改名后会发现声音积木中将出现新文件的名字，如　　。用同样的方法，可完成角色"Starfish"的相遇配音"小章鱼，你好！"的录制。

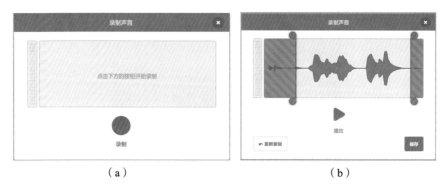

（a） （b）

图 2-48 "录制声音"对话框

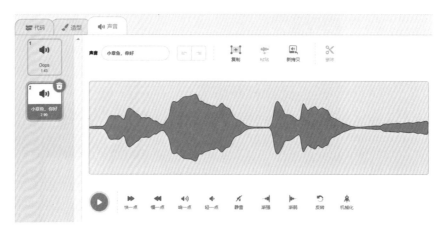

图 2-49 临时文件名为"recording1"的声音文件

第六步：为角色配音。 在角色列表中选中"Octopus"后点击"代码"标签，进入"Octopus"的"代码编辑区"，在如图 2-50（a）所示的位置添加声音积木 播放声音 小海星，你好 ▼ 。在角色列表中选中"Starfish"后点击"代码"标签，进入"Starfish"的"代码编辑区"，在如图 2-50（b）所示的位置添加声音积木 播放声音 小章鱼，你好 ▼ 。

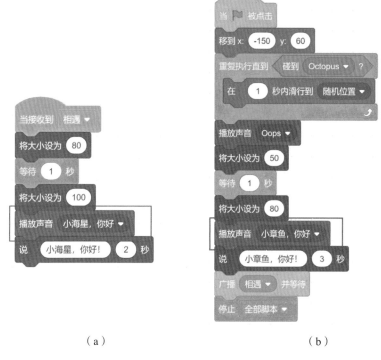

（a）　　　　　　　　　　　　　　（b）

图 2-50　"Octopus"和"Starfish"参考脚本

第七步：点击小绿旗，运行程序，感受声音积木带来的魅力。

2.4.3　音乐积木简介

Scratch 3.0 的音乐积木是扩展积木模块中的积木，单击 Scratch 窗口左侧最下方的"添加扩展"按钮 ，将弹出如图 2-51（a）所示的"选择一个扩展"窗口，在该窗口中单击第一个模块"音乐"，随即在 Scratch 窗口左侧的九大积木模块列表的最下方将出现音乐模块选择按键 ，如图 2-51（b）所示，选中该键，即看到 Scratch 提供的音乐积木，音乐积木的功能说明见表 2-5。

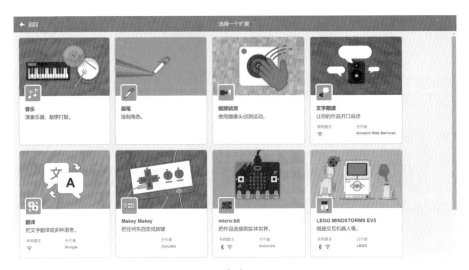

（a）

（b）

图 2-51　"选择一个扩展"窗口

表2-5　音乐积木模块中所有积木的功能说明

序号	积木	说明
1	击打 (1)小军鼓 ▼ 0.25 拍	设置一个指定节拍数的乐器。单击下拉箭头有18 种乐器可供选择
2	休止 0.25 拍	休止（停止播放任何声音）指定节拍数
3	演奏音符 60 0.25 拍	播放一个指定音调和节拍数的声音。前面的框中数字越大音调越高，后面的框中可以指定音符的节拍数
4	将乐器设为 (1)钢琴 ▼	设置角色执行 演奏音符 60 0.25 拍 积木所使用的乐器类型，点击下拉箭头从菜单中选择乐器
5	将演奏速度设定为 60	用来设置角色的演奏速度
6	将演奏速度增加 20	用来改变角色的演奏速度。值越大表示演奏节拍和音符会越快
7	演奏速度	获取角色的演奏速度（每分钟拍数），点击（积木左边的）勾选框可以在舞台上显示对应的监视器

案例 1　尝试简单歌曲的编辑

【案例名称】"一闪一闪亮晶晶"动画制作。

【案例要求】脚本执行时，星星伴随着经典音乐"一闪一闪亮晶晶"的节奏闪动。

【脚本提示】

第一步：导入舞台背景和角色。从舞台背景库中导入背景"Stars"。从本书素材库中导入名为"star.png"的图片作为作品的两颗星星角色，分别给角色命名为"Star1"和"Star2"。

第二步：修改和编辑角色。导入星星角色后发现眼睛部分被设置成了透明色，不理想，需要将透明色改成白色填充色。选中角色"Star1"，

在其"造型编辑区"中选择"颜色填充工具（🪣）"，将颜色设为"白色"，填入星星眼睛，即可出现较为理想的角色效果。操作主要步骤及填色前后对比效果如图 2–52 所示。用同样的方式修改角色"Star2"。

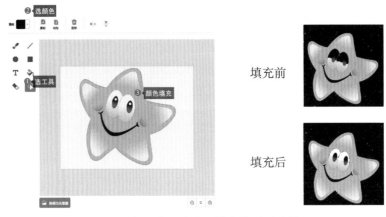

图 2–52　操作主要步骤及填色前后对比效果

适当调整两个角色的大小、位置和方向。将角色"Star1"的大小设为 40，将角色"Star2"的大小设为 30，方向设为 – 90，效果如图 2–53 所示。

图 2–53　两个角色的效果图

第三步：用音乐积木编写"一闪一闪亮晶晶"的背景音乐。单击 Scratch 窗口左侧最下方的"添加扩展"按钮 ，添加音乐积木模块 。随后选中背景"Stars"，进入"Stars"的"代码编辑区"，完成如图 2–54 所示的脚本编辑，图中（a）（b）两段脚本均可实现添加背景音乐的功能，也可以尝试使用其他脚本，脚本完成后可以单击小绿旗试听。

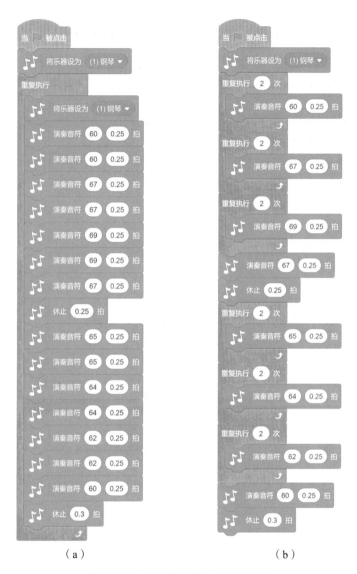

（a）　　　　　　　　　　　　　（b）

图 2-54　"背景音乐"的参考脚本

第四步：编写"Star"角色脚本。两颗"Star"需实现伴随经典音乐的节奏而闪动的动画，闪动效果可使用外观积木中的特效修改积木 和改变大小积木 来实现，参考脚本如图 2-55所示。

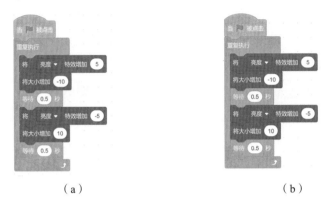

（a）　　　　　　　　　　　　　　（b）

图 2-55　"Star"的参考脚本

第五步：点击小绿旗，运行脚本，感受音乐积木带来的魅力。

2.5　控制积木

2.5.1　控制积木简介

控制积木模块包含等待积木、循环积木、条件判断执行积木、克隆积木等。所有的控制积木功能说明简介见表 2-6。

表 2-6　控制积木模块中所有积木的功能说明

序号	积木	说明
1	等待 1 秒	等待积木，等待指定的时间后再执行后续的积木；通常用于调整前后脚本所需的间隔
2	重复执行 10 次	重复执行指定次数积木，将装在积木中的脚本重复执行指定次数
3	重复执行	重复执行无限次积木，将装在积木中的脚本无限次地重复执行

序号	积木	说明
4	等待	等待条件满足积木，当该积木块中六边形内的条件成立时，执行后续脚本，否则一直停留在此处
5	重复执行直到	重复执行直到条件满足积木，重复执行装在其中的脚本，每执行一次后进行一次条件判断，如果条件成立，则跳出本积木继续执行后续脚本；如果条件不成立，继续执行装在其中的积木一次后返回条件判断
6	停止　全部脚本 ▼	停止脚本积木，单击下拉箭头可从积木下拉菜单中选择："停止全部脚本""停止这个脚本""停止该角色的其他脚本"；其中，"停止全部脚本"相当于使用舞台区的红色停止按钮 ⬡
7	如果　　那么	"如果—那么"积木，首先进行六边形内条件判断，如果条件成立，执行装在其中的脚本，否则直接跳过该组积木执行后续脚本
8	如果　　那么　否则	"如果—那么—否则"积木，首先进行六边形内条件判断，如果条件成立，运行装在"如果—否则"之间的脚本；如果条件不成立，则运行装在"否则"后中的脚本
9	当作为克隆体启动时	克隆体启动积木，控制克隆体执行积木块下方的脚本
10	克隆　自己 ▼	克隆积木，创建一个指定角色的克隆体（即临时复制角色）；单击下拉菜单可选择要进行克隆的角色（舞台中的所有角色都可选） 注意： （1）克隆体最初出现在和角色相同的位置。如果看不到克隆体，拖动产生克隆体的角色，即可看到克隆体； （2）克隆体仅仅在项目运行期间存在，当点击停止按钮（ ⬡ ）后，所有的克隆体均消失
11	删除此克隆体	删除克隆体积木，删除该积木作用的克隆体；把该积木放在克隆体需执行的所有脚本的最后，当运行到该积木时程序会自动删除克隆体，从而使程序中克隆体的数量得到控制

2.5.2 案例项目

案例 1　控制积木块的对比

【案例名称】易于混淆的几组积木块的对比学习案例。

【案例要求】请思考以下几组积木的使用差别。

【脚本提示】

第一组积木块：如图 2-56 所示

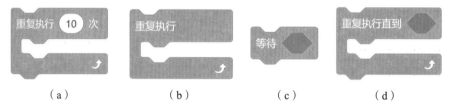

（a）　　　　　（b）　　　　　（c）　　　　　（d）

图 2-56　第一组积木块

新建一个 Scratch 文档，给"Cat"角色添加如图 2-56 所示的脚本，运行该段脚本，观察"Cat"的运动方式。

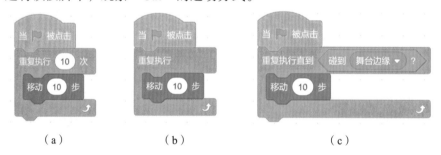

（a）　　　　　　　（b）　　　　　　　（c）

图 2-57　"Cat"的参考脚本

【分析】首先尝试运行如图 2-57（a）所示的脚本，看到动画效果是"Cat"右行一段距离后随即停止；接着尝试运行如图 2-57（b）所示的脚本，看到的动画效果是"Cat"一直右行直到走到舞台之外也不停止；最后运行如图 2-57（c）所示的脚本，看到的动画效果则是"Cat"一直右行直到碰到舞台边缘时停止。综上，如图 2-57（a）脚本的控制积木是有限次数的循环，如图 2-57（b）脚本的控制积木是无限次数的循环，如图 2-57（c）脚本的控制积木则是能被具体条件控制的条件循环。

第二组积木块："重复执行直到"积木。

第一步：新建一个 Scratch 文档。在库中添加"Cat"及"Apple"两个角色，大致放置于如图 2-58 所示的位置。

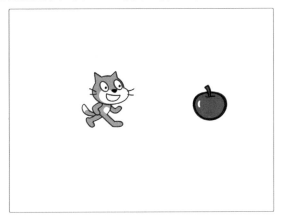

图 2-58　"Cat"和"Apple"两个角色的位置

第二步：给"Cat"角色依次添加脚本。如图 2-59 所示，分别运行每段脚本，观察"Cat"的运动方式。

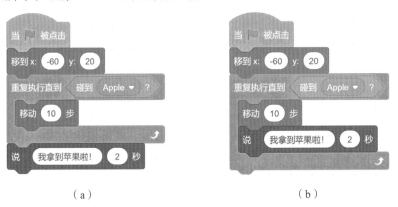

（a）　　　　　　　　　　　（b）

图 2-59　"Cat"的参考脚本

【分析】运行图 2-58（a）所示的脚本，可看到"Cat"从起点出发右行，当遇到"Apple"时停止运动，并说："我拿到'Apple'啦！"。而运行图 2-59（b）所示的脚本，看到的则是"Cat"从起点出发右行，每右行 10 步后停下来说："我拿到'Apple'啦！"，说完继续右行 10 步然后说话，直到碰到"Apple"，停止右行及说话。因此，"重复执行

Scratch 趣味编程

"直到"这个积木块在使用时需注意积木内部的脚本是在条件不满足时反复执行的，一旦条件满足则跳出循环执行"重复执行直到"之后的脚本。

第三组积木块："如果—那么"积木和"如果—那么—否则"积木。

在 Scratch 中"如果—那么"积木和"如果—那么—否则"积木可实现程序中的选择结构，选择结构也称为分支结构，首先进行判断，只有当符合一定的条件时，程序才会被执行。其中判断的条件用关系表达式和逻辑表达式来实现。Scratch 中的选择包含单选择结构、双选择结构和多选择结构。

第一步：体会"如果—那么"积木的使用。在上一部分搭建的舞台基础上将"Cat"角色的脚本修改成如图 2-60 所示，分析运动过程，体会"如果—那么"积木的使用方法。

图 2-60　修改后"Cat"的参考脚本（一）

【分析】运行脚本可以看到，点击小绿旗后，"Cat"首先会回到初始化状态，然后在碰到"Apple"前"Cat"会一直在舞台中进行每隔 1 秒钟就改变位置的随机滑动，滑动过程中当碰到"Apple"时"Cat"会说："我拿到'Apple'了！"，2 秒后停止运动。（注：Scratch 中的两角色相碰一般指角色的中心点相碰，故有时看起来角色相遇了但中心点没有相碰，那么此时 Scratch 会不认为是相碰。）

第二步：体会"如果—那么—否则"积木的使用。在上一部分搭建的舞台基础上将"Cat"角色的脚本修改成如图 2-61 所示，分析运动过程，体会"如果—那么—否则"积木的使用。

图 2-61　修改后 "Cat" 的参考脚本（二）

【分析】运行脚本可以看到，点击小绿旗后，"Cat" 首先会回到初始化状态，然后在碰到 "Apple" 前 "Cat" 会一直在舞台中进行每隔 1 秒钟改变位置的随机滑动，滑动过程中如果没有碰到 "Apple"，"Cat" 会说："唉！我没拿到 'Apple'！"，2 秒后返回本循环积木的开头继续进行每隔 1 秒钟改变位置的随机滑动，如此反复，直到碰到 "Apple"，此时 "Cat" 会说："好棒！我拿到 'Apple' 啦！"，2 秒后停止全部脚本。

第三步：体会 "如果—那么" 积木和 "如果—那么—否则" 积木的结合使用。在上一部分搭建的舞台基础上将 "Cat" 角色的脚本修改成如图 2-62 所示，分析运动过程，体会两种积木的结合使用。

图 2-62　修改后 "Cat" 的参考脚本（三）

【分析】运行脚本可以看到，点击小绿旗后，"Cat"首先会回到初始化状态，然后在碰到"Apple"前"Cat"会一直在舞台中进行每隔1秒钟改变位置的随机滑动，滑动过程中如果没有碰到"Apple"也没碰到舞台边缘，"Cat"会说："唉！我没拿到'Apple'！"，2秒后返回本循环积木的开头继续进行每隔1秒钟改变位置的随机滑动，如此反复；滑动过程中如果碰到了舞台边缘但没有碰到"Apple"，"Cat"自动反弹后说："唉！我没拿到'Apple'！"，2秒后返回本循环积木的开头继续进行每隔1秒钟改变位置的随机滑动，如此反复。直到碰到"Apple"，此时"Cat"会说："好棒！我拿到'Apple'啦！"，2秒后停止全部脚本。

【综合分析】通过3段积木的对比，不难发现，"如果—那么"积木当条件不满足时是不会执行该脚本内的积木，因此它是单选择结构；"如果—那么—否则"积木则不管条件是否满足，一定会在两个分支之间选择一个脚本执行，因此它是双选择结构，如果将以上两个积木结合在一起使用，则可实现多选择结构。

【想一想】

如图2-63所示的这段脚本能够实现什么效果。

图 2-63　参考脚本

案例 2　控制积木的应用

【案例名称】"'Elf'吵醒'Dragon'"动画制作。

【案例要求】"Elf"独自走进一片森林，"Dragon"正在森林中睡觉，如果声音（响度）大于 50 的话，就会吵醒"Dragon"，"Dragon"将会喷着火向"Elf"扑来，恶狠狠地吃掉"Elf"。（提示：可以参考本书 2.2 中的案例 3：改变特效积木的应用）

【脚本提示】

第一步：新建一个 Scratch 文件。将舞台背景库中的"Jungle"作为背景，从角色库中选择"Elf"和"Dragon"两个角色，其中"Dragon"有 3 个造型，"Dragon-a"是比较安静的造型，"Dragon-b"是运动造型，"Dargon-c"是喷火造型。

第二步：编写"Dragon"角色的脚本。"Dragon"角色首先需要实现每次点击小绿旗时会回到初始的造型和位置，然后需要实现"Dragon"被吵醒后扑向"Elf"的运动动画，最后需要实现"Elf"可以对"Dragon"施展的魔法。用如图 2-64 所示的三组脚本，可以实现以上功能。

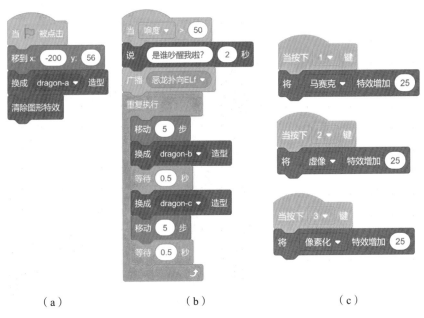

（a）　　　　　　　（b）　　　　　　　（c）

图 2-64　"Dragon"角色的参考脚本

第三步：编写"Elf"角色的脚本。"Elf"角色首先需要实现每次点击小绿旗时会回到初始的造型和位置，然后需要实现当"Dragon"扑向"Elf"时想起"Wizard"曾经教授的魔法，最后需要实现通过单击空格

键定住"Dragon"。用如图 2-65 所示的脚本，可以实现以上功能。

图 2-65 "Elf"的参考脚本

【案例效果截图】

图 2-66 "'Elf'吵醒'Dragon'"案例效果图

2.5.3　克隆积木

克隆的英文是 Clone，意思是复制成完全一样的东西。利用克隆功能，可以为任何角色复制一个或者多个完全相同的副本，也可为生成的克隆体继续克隆，从而可以实现不用导入那么多的相同角色，直接对克隆体的编写脚本。

Scratch 中包含三个和克隆有关积木块，如图 2-67 所示。

图 2-67　Scratch 中包含的三个和克隆有关的积木块

克隆角色：为舞台中的"Cat"角色设置如图 2-68 所示的脚本，然后运行脚本，感受克隆积木的使用效果，同时仔细辨识运行脚本后舞台（如图 2-69 所示）中的本体和克隆体。

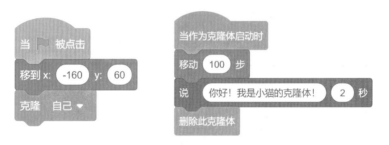

图 2-68　　"Cat"的参考脚本（一）

图 2-69　　"Cat"的本体与克隆体

克隆克隆体：对舞台中的"Cat"角色设置如图 2-70 所示的脚本，运行脚本前先尝试推测克隆体的数量及颜色效果，然后运行脚本，检查推测的正确性；之后，调整移动积木的参数，再推测，运行后检查推测

的正确性。

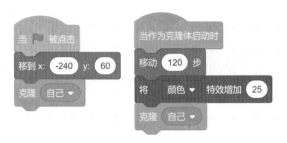

图 2-70　"Cat" 的参考脚本（二）

【试一试】

请根据提示尝试用 2 种以上的方式实现如图 2-71 所示的效果。（提示：使用 克隆 自己▼ 、 克隆 Apple▼ 积木）

图 2-71　效果图

案例 1　克隆积木的应用（一）

【案例名称】"疯狂的棍子"动画制作。

【案例要求】点击小绿旗运行脚本，舞台中的棍子会逐渐增加，当增加到一定数量后停止增长，同时所有的棍子都会跟随着鼠标在舞台上面向鼠标转动。

【脚本提示】

第一步：自行绘制角色"棍子"。

新建一个自行绘制的角色，将其改名为"棍子"。选中该角色后在造型编辑区利用"矩形"工具绘制一个无轮廓填充色为黑色的矩形，调整为合适的大小。利用"圆"工具绘制一个无轮廓填充色为"浅蓝 – 深蓝渐变"的圆和一个无轮廓填充色为"橙色 – 红色渐变"的圆（拖动鼠标绘制圆的过程中若按住 shift 键不放可绘制正圆），调整到合适的大小和位置，如图 2-72 所示。

图 2-72　绘制角色"棍子"

第二步：编写"棍子"角色的脚本。

可用"重复执行指定次数积木"进行克隆体的数量控制，实现舞台中的棍子逐渐增加，当增加到一定数量后停止增长。如图 2-73（b）所示的脚本可生成 200 个克隆体。

　　　　（a）　　　　　　　　　　　　　（b）

图 2-73　"棍子"角色的参考脚本

使用如图 2-74 所示脚本，可实现所有的"棍子"跟随鼠标在舞台上面向鼠标转动。

图 2-74　实现所有的棍子跟随鼠标在舞台上面向鼠标转动的参考脚本

【案例效果截图】

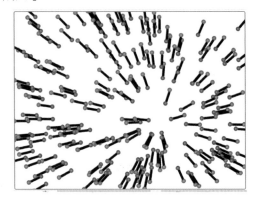

图 2-75   "疯狂的棍子"案例效果图

【参考脚本】

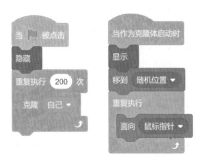

图 2-76   "疯狂的棍子"的参考脚本

【试一试】

请试试绘制一个单头的棍子作为角色，实现类似于疯狂的棍子动画（如图 2-77 所示），感受中心点对于角色运动的影响。

图 2-77   绘制一个单头的棍子

案例 2　克隆积木的应用（二）

【案例名称】"跟随鼠标移动带尾巴的圆"动画制作。

【案例要求】舞台中的圆跟随鼠标移动，移动过程中会变色，同时带着一串依次呈变小规律的尾巴。

【脚本提示】

第一步：绘制一个圆。 通过绘制的方式新建一个角色，在该角色的造型编辑区利用圆工具绘制一个无轮廓填充色为蓝色的圆，将该角色改名为"圆"。

第二步：实现角色"圆"跟随鼠标移动。 可使用如图 2-78 所示的脚本。

图 2-78　实现角色"圆"跟随鼠标移动的参考脚本

第三步：实现角色"圆"在移动的过程中变色。 可使用如图 2-79 所示的脚本。可尝试调整 将 颜色 ▼ 特效增加 25 中的参数，看看角色运动过程中参数对颜色变化的影响。

图 2-79　实现角色"圆"在移动过程中变色的参考脚本

第四步：实现角色在移动过程中带上一串依次呈变小规律的小尾巴。
用克隆自己积木块实现克隆角色，这样角色在舞台运动时会留下和本身
一样大小一样颜色的尾巴，为了让尾巴只保留一部分且逐渐变小，可以
对克隆体进行大小逐渐变小的设置同时适时删除克隆体。可参考如图
2-80 所示的脚本。

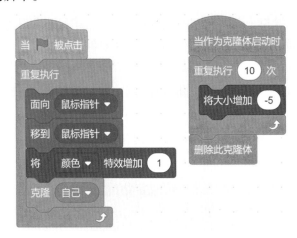

图 2-80　实现角色带有小尾巴的参考脚本

也可以换一种思路。主程序段满足本体的跟随鼠标移动及颜色变化，
副程序段分两部分实现克隆体的大小逐渐减小和克隆体停留的时间设置。
可参考如图 2-81 所示的脚本。

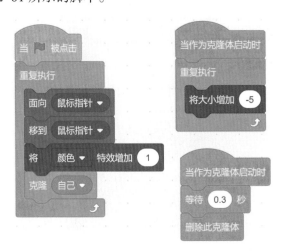

图 2-81　实现角色带有小尾巴的另一种参考脚本

【案例效果截图】

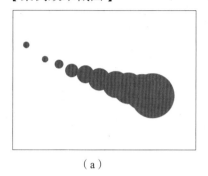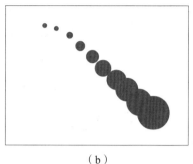

（a）　　　　　　　　　　　　　　（b）

图 2-82　"跟随鼠标移动带尾巴的圆"案例效果图

案例 3　克隆积木的应用（三）

【案例名称】"施展魔法变马"动画制作。

【案例要求】"Elf"和"Avery"看到了远处的城堡，可他们只有一匹"Neigh Pong"，没办法骑"Neigh Pong"到城堡，怎么办呢？"Elf"使用魔法变出了一匹相似的"Neigh Pong"，这样，两个人就都可以骑"Neigh Pong"去城堡探险了。

【脚本提示】

第一步：新建一个 Scratch 文档。导入角色库中的角色"Elf""Avery""Neigh Pony"，导入舞台背景库中的背景"Castle2"。

第二步：实现如图 2-84 中角色之间的对话及对话时角色造型的变化。

第三步：利用克隆积木实现变出了一匹相似的"Neigh Pong"。变出的"Neigh Pong"大小不变，颜色和位置发生变化。可参考如图 2-83 所示的脚本。

图 2-83　生成克隆体的参考脚本

（a）　　　　　　　　　　　　　　　　（b）

（c）　　　　　　　　　　　　　　　　（d）

图 2-84　"施展魔法变马"案例效果图

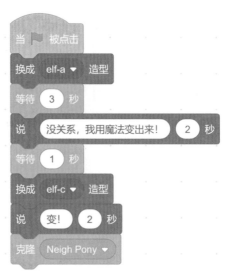

图 2-85　"ELF"的参考脚本

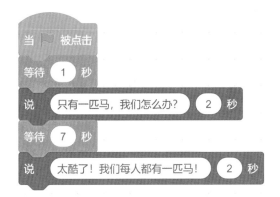

图 2-86　"Avery"的参考脚本

图 2-87　"Neigh Pony"的参考脚本

【小结】

克隆积木的作用：可以省去大量重复的劳动。

克隆积木的特点：当克隆发生的那一刻，克隆体会继承原角色（即本体）的所有状态，包括当前位置、方向、造型、效果属性等。克隆体也可以被克隆，即当我们重复使用克隆功能时，原角色和克隆体同时被克隆，角色的数量是成指数级增长的。

2.6 侦测积木

2.6.1 侦测积木的简介

侦测积木用于确定鼠标的位置及其与其他角色的距离，判断一个角色是否触碰到其他角色、指定颜色等。所有的侦测积木功能说明简介见表 2-7。

表 2-7 侦测积木模块中所有积木的功能说明

序号	积木	说明
1	碰到 鼠标指针 ▾ ？	根据角色是否触碰到鼠标指针或舞台边缘，返回一个为真或假的布尔值
2	碰到颜色 ● ？	根据角色是否接触到一个指定的颜色，返回一个为真或假的布尔值。点击一下颜色椭圆后会开启拣色功能，可以把鼠标移动到舞台上的任意位置取色
3	颜色 ● 碰到 ● ？	根据角色中第一个指定的颜色是否接触到第二个指定的颜色，返回一个为真或假的布尔值；其中第一个指定的颜色是角色本身拥有的颜色，第二个指定的颜色则是另外指定的；点击一下颜色椭圆后会开启拣色功能，可以移动鼠标到舞台上的任意位置取色
4	到 鼠标指针 ▾ 的距离	返回某角色中心点到鼠标或到指定角色中心点之间的距离
5	询问 What's your name? 并等待	在屏幕上显示一个问题，并把键盘输入的内容存放到 回答 积木中，问题以对话泡泡的方式出现在舞台中；脚本会等待用户键入答复，直到按下回车键

序号	积木	说明
6	回答	获取最近一次使用 询问 What's your name? 并等待 积木获得的键盘输入内容；所有角色都可以使用这个答案；要保存这个答案，可以把它存放到变量或者列表中；要查看答案的内容，可以点击积木左边的勾选框
7	按下 空格 ▼ 键?	根据是否按下一个指定的键，返回一个为真或假的布尔值；通过下拉菜单，可以选择指定各种按键；希望按键（如空格）保持按下时，请使用这个积木，而不要使用 当按下 空格 ▼ 键
8	按下鼠标?	根据是否按下一个鼠标按钮，返回一个为真或假的布尔值；如果鼠标点击舞台中的任何地方，获得真值
9	鼠标的x坐标	返回鼠标指针在 X 轴上的坐标位置
10	鼠标的y坐标	返回鼠标指针在 Y 轴上的坐标位置
11	将拖动模式设为 可拖动 ▼	设置角色的拖动模式，通过下拉菜单选择"可拖动"或"不可拖动"
12	响度	返回 1 ~ 100 之间的一个数值，表示计算机麦克风接收到的音量；要观察"响度"的值，可以点击"响度"积木左边的勾选框；注意：要使用这个积木，计算机需要配备麦克风
13	计时器	返回表示计时器已经运行的秒数；要观察计时器的值，可以点击积木左边的勾选框；计时器会持续运行
14	计时器归零	用来将计时器归零
15	舞台 ▼ 的 背景编号 ▼	用来获取舞台或角色的某个属性信息；通过第一个下拉菜单选择舞台或角色，通过第二个下拉菜单选择所要获取的属性

续 表

序号	积木	说明
16	当前时间的 年▼	返回当前的年份、月份、日期、星期几、小时、分钟或秒之一；可以从菜单中选择你想要的那一项；要查看当前时间，可以点击积木左边的勾选框
17	2000年至今的天数	返回从 2000 年到今天的天数
18	用户名	返回浏览者的用户名；要查看当前观看项目的用户名，可以点击积木左边的勾选框；要保存当前的用户名，可以把它存放到变量或列表中

2.6.2 案例项目

案例 1 侦测积木的应用（一）

【案例名称】"声音之花"动画制作。

【案例要求】运行脚本时，花的绽放程度会根据外界声音的响度而变化。响度越大，花绽放得越大；响度越小，花绽放得越小。

【脚本提示】

第一步：导入背景及绘制角色。新建一个 Scratch 文件，将来自本书素材库中的文件"background1"导入作为背景。通过绘制的方式新建五个角色，分别是五个大小相同的圆，其中一个蓝色、两个红色、两个粉色，可分别命名为"blue""red1""red2""pink1""pink2"，效果可参考图 2-88 所示。

（a）   （b）

图 2-88 "声音之花"角色

第二步：分别编写每个角色的脚本。角色"blue"是花的中心，整个过程没有变化；角色"red1""red2"会随着外界声音响度的不同来改变 X 轴方向上距离中心的位置，实现红色花瓣随声音大小改变位置，可参考图 2-89 所示脚本。

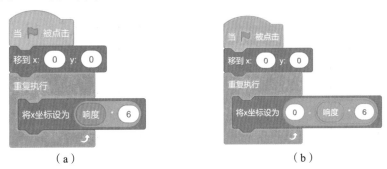

图 2-89 红色花瓣随声音大小改变位置的参考脚本

角色"pink1""pink2"会随着外界声音响度的不同来改变 Y 轴方向上距离中心的位置，实现粉色花瓣随声音大小改变位置，可参考图 2-90 所示脚本。

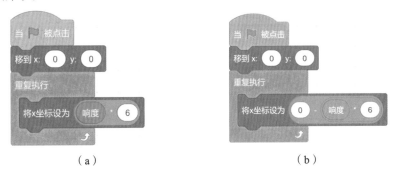

图 2-90 粉色花瓣随声音大小改变位置的参考脚本

第三步：编写舞台背景的脚本。舞台背景需要随着外界声音响度的改变实现"鱼眼"效果的动画。进入舞台代码编辑区编写脚本，可参考图 2-91 所示脚本。

图 2-91　舞台背景的参考脚本

【案例效果截图】

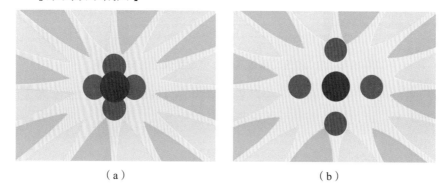

（a）　　　　　　　　　　　（b）

图 2-92　"声音之花"案例效果图

案例 2　侦测积木的应用（二）

【案例名称】"大鱼吃小鱼 V1.0"游戏制作。

【案例要求】在海底，"fish"自由地游玩，一条"shark2"打破了海底的平静，"shark2"跟随鼠标移动追赶着的"fish"，当追上"fish"时就将张开大嘴将"fish"吃掉。

【脚本提示】

第一步：导入舞台背景及角色。新建一个 Scratch 文件，添加来自舞台背景库中的"Underwater"背景，添加来自角色库中的"fish"和"shark2"两个角色。"fish"角色包含 4 种造型，可用于实现至少 4 种类型的小鱼在海底的自由游动；"shark2"包含 3 种造型，可以在吃"fish"时变换造型实现张嘴吃的动作。两个角色包含的造型如图 2-93 所示。

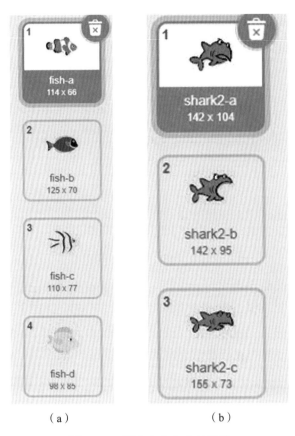

（a）　　　　　　　（b）

图 2-93　两个角色包含的造型

第二步：编辑角色"fish"的脚本。首先，要使用一个角色实现多条鱼，需使用"克隆积木"，由于"fish"角色本身包含四种造型，故可以边切换造型边进行克隆，使在海底中游动的鱼的类型变得丰富；其次，本体不宜设置为"显示"状态，否则在生成克隆体的过程中会像发射子弹一样，本体需设置为"隐藏"状态，而克隆体因需要在不同的位置出现后再开始游动，故先要设置为"移到随机位置"后再"显示"，之后开始游动。参考脚本如图 2-94 所示。（注意观察舞台和鱼的比例，可适当调整角色的大小）

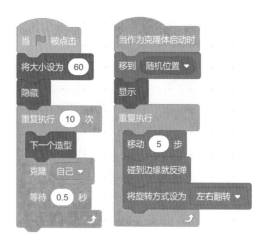

图 2-94　"fish"的参考脚本（一）

第三步：编辑角色"shark2"的脚本。首先"shark2"要能随着鼠标在舞台中自如移动，如果使用图 2-95（a）所示的脚本，当鼠标停留在鲨鱼角色上时鲨鱼会乱动，若加入侦测积木，如图 2-95（b）所示的脚本，当鼠标停留在鲨鱼角色上时鲨鱼会停止运动。

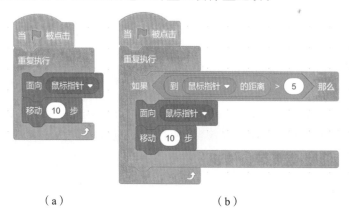

（a）　　　　　　　　　　（b）

图 2-95　"shark2"的参考脚本（一）

"shark2"跟随鼠标游动，当碰到"fish"时，做出张口动作，同时配上角色自带的声音"Bite"。可参考如图 2-96 所示的脚本。

图 2-96　"shark2"的参考脚本（二）

第四步：调整角色"fish"的脚本。为了实现当"shark2"追上"fish"吃掉"fish"的动画效果，对"fish"的克隆体使用侦测积木，当侦测到"fish"的克隆体与"shark2"相遇了，即时删除"fish"克隆体。可参考如图 2-97 所示的脚本。

图 2-97　"fish"的参考脚本（二）

图 2-98   "大鱼吃小鱼 V1.0"案例效果图

2.7 运算积木

2.7.1 运算积木简介

运算积木可用于算术运算、比较运算、逻辑运算、字符运算、四舍五入、求余及其他一些常用的数学运算。表 2-8 列出了运算积木模块所有积木的功能说明。

表 2-8   运算积木模块中所有积木的功能说明

序号	积木	说明
1		返回将两个数字相加得到的结果
2		返回用第一数字减去第二个数学得到的结果
3		返回将两个数字相乘得到的结果

续　表

序号	积木	说明
4	/	返回用第一个数字除以第二个数字得到的结果
5	在 1 和 10 之间取随机数	从指定的范围内随机挑选其中一个数值
6	> 50	根据一个数字是否大于另一个数字，返回一个为真或假的布尔值
7	< 50	根据一个数字是否小于另一个数字，返回一个为真或假的布尔值
8	= 50	根据一个数字是否等于另一个数字，返回一个为真或假的布尔值
9	与	根据两个单独的条件是否都为真，返回一个为真或假的布尔值
10	或	根据两个单独的条件是否都为假，返回一个为真或假的布尔值
11	不成立	将布尔值取反，由真变为假或由假变为真
12	连接 苹果 和 香蕉	连接两个字符串
13	苹果 的第 1 个字符	返回字符串中指定位置的字符
14	苹果 的字符数	返回一个数字，表示字符串的长度
15	苹果 包含 果 ?	根据一个字符串是否包含另一个字符串或字符，返回一个为真或假的布尔值
16	除以 的余数	返回第一个数字除以第二个数字后的余数
17	四舍五入	返回最接近该数值的整数；该积木把小数四舍五入成整数
18	绝对值 ▼	返回对指定的数字应用所选择的函数的结果；通过下拉菜单，可以选择所使用的函数

2.7.2　案例项目

案例 1　逻辑运算积木的应用

【案例名称】"弹球"游戏制作。

【案例要求】点击小绿旗，"Ball"在舞台上自由改变位置，碰到舞台边缘会自动反弹；舞台下方的"棍子"可以使用键盘上的"←"键和"→"键进行左右移动，当"Ball"碰到舞台下方的"棍子"时"Ball"会变色同时反弹，尝试尽量用"棍子"接住"Ball"不让其掉落。

【案例效果截图】

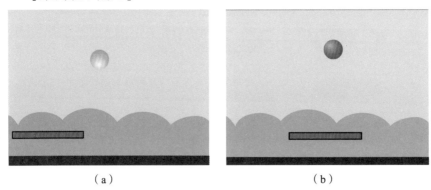

（a）　　　　　　　　　　　　　　（b）

图 2-99　"弹球"案例效果图

【脚本提示】

第一步：导入背景和角色。新建一个 Scratch 文件，将来自舞台背景库中的"Blue Sky"作为背景，将来自角色库中的"Ball"作为角色。"Ball"包含 5 种不同颜色的造型，正好满足小球碰到舞台下方的"棍子"时"Ball"会变色的需求。"棍子"可直接通过绘制的方式创建，在角色编辑区选择矩形工具绘制一个轮廓为黑色填充色为淡紫色的矩形作为"棍子"，注意中心点和大小的调整。

第二步：编写角色"棍子"的脚本。由于"棍子"主要需实现能用"←"键和"→"键进行左右平移，综合之前所学可参考如图 2-100 所示的任意一组脚本，请对比两种脚本，观察"棍子"移动的灵活性，选择较优的方法使用。

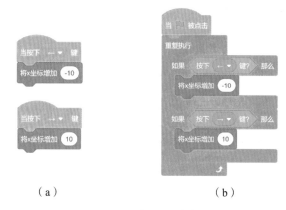

（a）　　　　　　　　　　　　（b）

图 2-100　"棍子"的参考脚本

第三步： 编写角色 **"Ball"** 的脚本。首先，"Ball"需要实现从指定起点出发，向随机方向开始运动；其次，当"Ball"被"棍子"接住时，"Ball"将反弹同时切换造型继续运动，为了让接住这一刻更加生动可添加素材库中的声音"Boing"，如果"棍子"没有接到"Ball"，游戏结束，此时可添加本书素材库中的声音"game over.wav"。

有没有接到"Ball"可用"Ball"所在的 y 坐标来衡量。可参考如图 2-101 所示的脚本。

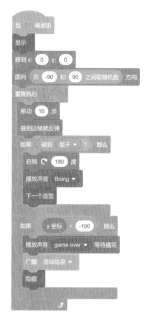

图 2-101　"Ball"的参考脚本

第四步：创建文本角色及编写其脚本。通过绘制的方式新建文本角色，在角色编辑区利用"文字"工具输入文字"GAME OVER！"，并对文字进行适当的美化。文字在游戏开始时是隐藏的，当"棍子"因没有接到"Ball"造成游戏结束时显示，游戏结束。可参考如图 2-102 所示的脚本。

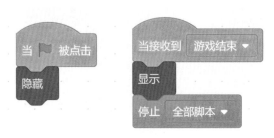

图 2-102　文本角色的参考脚本

案例 2　运算积木的综合应用（一）

【案例名称】"课前小测 V1.0"制作。

【案例要求】运行脚本时，在 0 ～ 9 之间随机抽取"加数 1"和"加数 2"自动生成加法运算题，用户可以通过键盘输入答案，如果答案正确舞台上显示"答对了！你真棒！加 1 分！"，同时得分加 1，如果答案错误舞台上显示"答错了！很遗憾！扣 1 分！"，同时得分减 1。舞台左上角的得分显示用户的实时答题成绩。

【脚本提示】

第一步：导入舞台背景及角色。新建一个 Scratch 文件，将来自舞台背景库中的"Chalkboard"作为背景，导入来自本书素材库中的文件"add.sprite3""等号 .sprite3""问号 .sprite3"作为角色"+""=""?"，导入角色库中的"Glow-1"作为角色"加数 1"并将角色名命名为"NumA"。

第二步：完善角色"加数 1"。因为"加数 1"需要随机抽取，所以"加数 1"应包含 0 ～ 9 共 10 个造型，在"加数 1"的造型编辑区，将角色库中的"Glow-0""Glow-1""Glow-2""Glow-4""Glow-5""Glow-6""Glow-7""Glow-8""Glow-9"添加到"加数 1"的造型区，如图 2-103 所示，注意保持造型编号和数字本身的一致性。

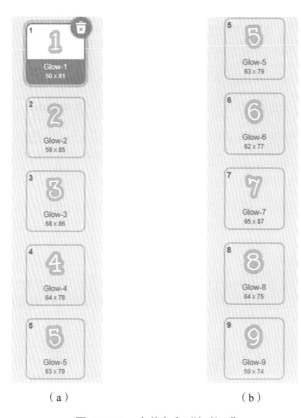

（a）　　　　　　　　　（b）

图 2-103　完善角色"加数 1"

　　第三步：复制角色"加数 1"给角色"加数 2"。 在角色编辑区选中"加数 1"后右击，在弹出的快捷菜单中选择"复制"命令，即在角色编辑区中出现角色"加数 1"的副本，将其改名为"NumB"作为角色"加数 2"。

　　第四步：调整舞台上角色的位置。 由于 Scratch 舞台没有提供对齐工具，故为了使角色的排列较为整齐，可通过角色编辑区中的 X 坐标和 Y 坐标来进行设置。例如可以将所有角色的 Y 坐标都设为 0，X 坐标从左到右从 -180 开始逐步增加等量的值，达到较为美观的显示效果。

　　第五步：编写角色"NumA"和"NumB"的脚本。 这两个角色的脚本需实现的效果一致，即能在造型 0 ~ 9 之间随机抽取数字构成运算式。可参考如图 2-104 所示的脚本。

图 2-104　"NumA" 和 "NumB" 的参考脚本

第六步：编写角色 "？" 的脚本。该角色首先需要能完成自动生成的加法算式的计算，其次需实现将算式的正确答案与用户输入的答案进行对比，给出答案是否正确的判定，最后能根据判定结果按案例的要求修改得分及在舞台根据案例要求给出提示。可参考如图 2-105 所示的脚本。

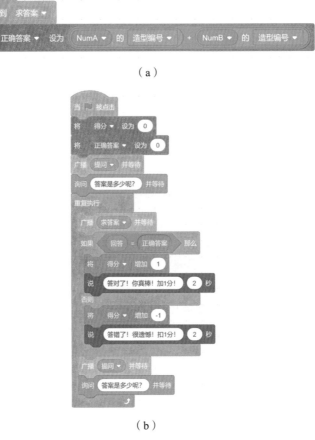

（a）

（b）

图 2-105　"？" 的参考脚本

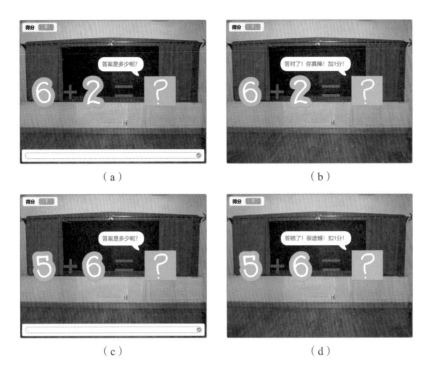

（a）　　　　　　　　　　　　（b）

（c）　　　　　　　　　　　　（d）

图 2-106　　"课前小测 V1.0"案例效果图

案例 3　运算积木的综合应用（二）

【案例名称】"课前小测 V2.0"制作。

【案例要求】运行脚本时，"数 1"和"数 2"在 0 ～ 9 之间随机抽取数字自动生成"加、减、乘、除"四则运算中的一种出运算题，用户可以通过键盘输入答案，如果答案正确，舞台上显示"答对了！你真棒！加 1 分！"，同时得分加 1，如果答案错误，舞台上显示"答错了！很遗憾！扣 1 分！"，同时得分减 1。舞台左上角的得分显示用户的实时答题成绩。

【脚本提示】

第一步至第五步：可参考上一个案例。

第六步：导入运算符角色及编写脚本。导入本书素材库角色"sign. sprite3"，此角色含有"+、－、*、\"四种造型，需实现随机出题时随机抽取运算符。可参考如图 2-107 所示脚本。

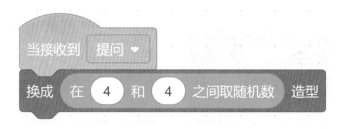

图 2-107 运算符角色的参考脚本

第七步：修改角色"？"的脚本。修改当接收到"求答案"消息时的脚本。这段脚本之前仅能进行加法运算，现需要实现"加、减、乘、除"四种运算中的任意一种。可参考如图 2-108 所示的脚本。

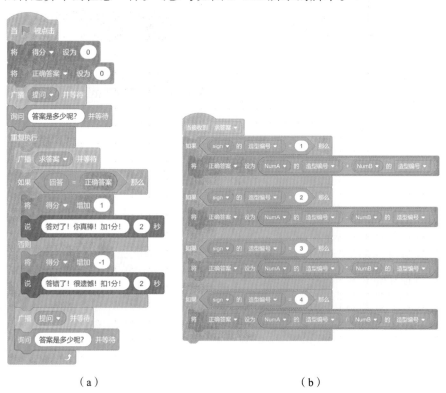

（a）   （b）

图 2-108 "？"的参考脚本

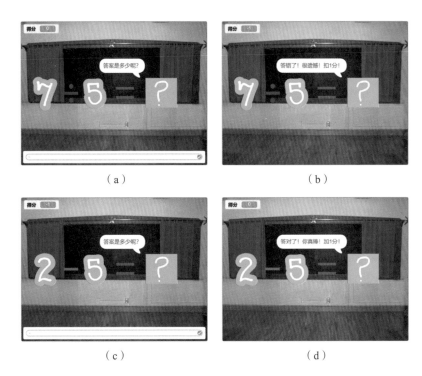

（a）　　　　　　　　　　　　（b）

（c）　　　　　　　　　　　　（d）

图 2-109　"课前小测 V2.0" 案例效果图

案例 4　运算积木的综合应用（三）

【案例名称】"健忘的粽粽"动画制作。

【案例要求】粽粽是一只健忘的小棕熊，当他在森林中散步的时候，总要询问旁边小伙伴的名字。由于他记性不好，每次小伙伴说出名字后他都必须把对方的名字按字母挨个读一遍，请小伙伴确认，只有这样才能记住小伙伴的名字。

【脚本提示】

第一步：导入舞台背景和角色。新建一个 Scratch 文件，将来自舞台背景库中的"Forest"作为背景，将本书素材库中的"Chick""Bear-walking"作为角色。

第二步：编写角色 Bear-walking 的脚本。角色"Bear-walking"要实现的效果：

（1）在森林走动。走动时为了让动作更为生动可通过边改变角色的造型边移动实现。

（2）如果碰到"Chick"，

说："你好！我叫粽粽。"

询问："你叫什么名字？"

说："哎！我的记性不太好，你叫……"

重复回答积木块收到的名字，一个字符一个字符地说，

说完后再次询问："对吗？"

若收到的回答为"对"，则说："太好了，我记住啦！"

否则，说："抱歉，我没记住！"程序停止。

可参考如图 2-110 所示的脚本。

第三步：编写角色"Chick"的脚本。角色"Chick"要实现的效果：①在森林里找食物；②当与"Bear-walking"相遇时停止找食物，与其进行对话。可参考如图 2-111 所示的脚本。

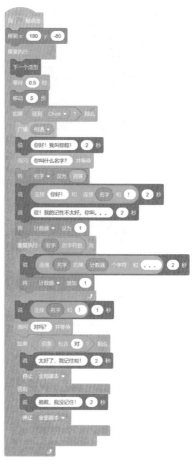

图 2-110 "Bear-walking"的参考脚本

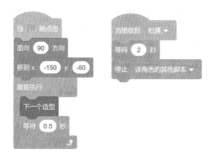

图 2-111 "Chick"的参考脚本

图 2-112　"健忘的粽粽"案例效果图

2.8　变量积木

2.8.1　变量积木的简介

变量积木是可以用来存储或操作数据的积木。Scratch 变量积木组中有两种类型的变量积木，一种是常规变量积木，用于存放具有不同值的内容，这个值可以是数字、字符和字符串；另一种则是列表，列表是变量的集合。

表 2-9　变量积木模块所有积木的功能说明

序号	积木	操作注意事项
1	常规变量	（1）点击"建立一个变量"即可以新建一个变量 （2）变量积木将随着新建变量发生变化，如下图即为建立了名为"i"变量后发生变化的积木 （3）新建变量时，应注意选择变量的适用范围；选择"适用于所有角色"为全局变量，选择"适用于当前角色"为局部变量

序号	积木	操作注意事项
1	常规变量	（1）获取变量的内容，可作为参数嵌入其他积木内 （2）当选中积木左边的勾选框，可在舞台显示变量的实时内容，观察变量值的变化 （3）选中积木区变量击右键，可以删除该变量或者给它重命名 （4）选中舞台上变量监视器图标，击右键，可改变变量监视器的显示方式，有"正常显示""大字显示""滑竿"三种模式可选
	将 我的变量 ▼ 设为 0	用来将变量设置为指定的值
	将 我的变量 ▼ 增加 1	用来改变当前变量的值，参数用于设定步长；如果有超过一个以上的变量，可以使用下拉菜单选择其中一个
	显示变量 我的变量 ▼	在舞台上显示变量监视器
	隐藏变量 我的变量 ▼	隐藏舞台上的变量监视器

序号	积木	操作注意事项
2	列表变量 建立一个列表	1. 点击"建立一个列表"即可创建并命名一个新列表 2. 列表积木将随着新建列表自动产生，下图即为建立了名为"答案"的列表后发生变化的积木 3. 新建列表时，应注意选择列表的适用范围；选择"适用于所有角色"为全局列表，选择"适用于当前角色"为局部列表
	✔ 答案	1. 获取列表的内容，可作为参数嵌入其他积木内 2. 选中积木左边的勾选框，可在舞台显示列表的实时内容，观察列表值的变化 3. 选中积木区列表变量击右键，可以删除该列表或者给它重命名
	将 东西 加入 答案 ▾	用来将值加入指定列表
	删除 答案 ▾ 的第 1 项	用来删除指定列表的指定项内容
	删除 答案 ▾ 的全部项目	用来将指定列表指定位置的内容替换

续　表

序号	积木		操作注意事项
2	列表变量	在 答案▼ 的第 1 项前插入 东西	用来在指定列表指定位置插入内容
		将 答案▼ 的第 1 项替换为 东西	用来将指定列表指定位置的内容替换
		答案▼ 的第 1 项	返回指定列表指定项的内容
		答案▼ 中第一个 东西 的编号	返回指定列表指定项的内容
		答案▼ 的项目数	返回指定列表的项目数量
		答案▼ 包含 东西 ？	判断指定列表中是否含有某内容
		显示列表 答案▼	在舞台上显示指定列表
		隐藏列表 答案▼	在舞台上隐藏指定列表

2.8.2　案例项目

案例 1　变量积木的应用（一）

【案例名称】"抓气球"游戏制作。

【案例要求】脚本开始运行，"Ballon"在舞台的随机位置出现，之后自由移动，玩家用鼠标追赶并单击"Ballon"，当击中"Ballon"时，右上角变量"得分"自动加 1 分，被击中的"Ballon"变小后马上变大，同时发出"波"的声音，变换颜色后再次出现在舞台的随机位置并自由移动；当积分累计到 10 分，游戏结束，舞台中央显示"恭喜过关"。

【脚本提示】

第一步：导入背景和角色。新建一个 Scratch 文件，将舞台背景库中的 "Hay Field" 导入作为舞台背景；添加角色库中的角色 "Balloon1"并将声音库中的声音 "Pop" 导入该角色，然后将该角色改名为 "Balloon"；利用 Word 软件或 PowerPoint 软件艺术字功能编辑艺术字 "恭喜过关"并将其另存为图片格式后导入 Scratch 文件作为 "恭喜过关" 角色。

第二步：编写角色 "Balloon" 的脚本。

角色 "Balloon" 要实现的效果：

（1）当点击小绿旗时 "Balloon" 移动到舞台的随机位置，然后随机在舞台上移动。

（2）新建变量 "得分" 用于记录分数，并将该变量的初值赋值为 0。

（3） "Balloon" 角色被点击时，得分加 1，同时变换颜色和大小并发出 "波" 的声音。

（4）当累计积分超过 10 时，舞台弹出 "恭喜过关"。游戏结束。

可参考如图 2-113 所示的脚本。

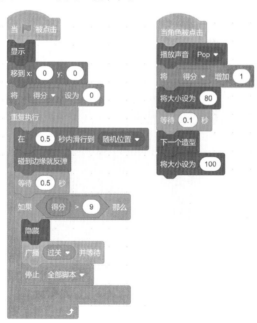

图 2-113　"Balloon" 的参考脚本

第三步：编写角色"恭喜过关"的脚本。该脚本需实现当累计积分超过 10 时，舞台弹出"恭喜过关"，角色样式参考效果如图 2-114 所示。

图 2-114　文字角色样式参考效果

角色"恭喜过关"的脚本可参考如图 2-115 所示。

图 2-115　"恭喜过关"的参考脚本

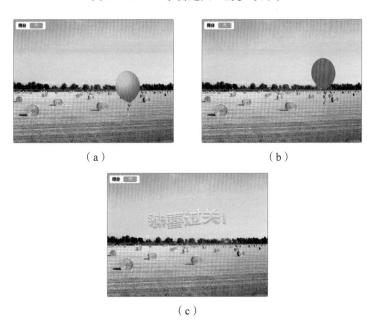

（a）　　　　　　　　　　（b）

（c）

图 2-116　"抓气球"案例效果图

案例2 变量积木的应用(二)

【案例名称】"X+Y=？"制作。

【案例要求】点击小绿旗,舞台出现文字提示玩家使用键盘输入变量 X 和 Y 的值,以及表达式"X+Y=？"的运算结果,完成输入后舞台即时出现"X+Y"运算结果的答案,供玩家核对。

【脚本提示】

第一步:导入角色。新建一个 Scratch 文件,在角色库中任意选择一个人物或动物角色导入文件,命名为"player"。

第二步:编辑角色"player"的脚本。要实现舞台能出现文字提示,且能通过键盘输入数据,需使用侦测积木(询问 你叫什么名字? 并等待／回答)。利用询问积木(询问 你叫什么名字? 并等待)提问,利用回答积木(回答)获取键盘输入的数据赋值给变量 X 和 Y。最后利用说积木和文本连接积木将运算结果呈现在舞台中。可参考如图 2-117 所示的脚本。

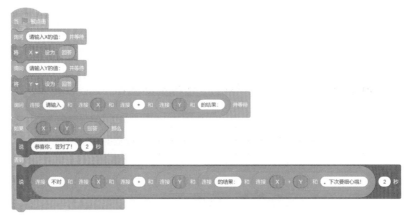

图 2-117 "player"的参考脚本

案例3 变量积木的应用(三)

【案例名称】"大鱼吃小鱼 V2.0"游戏制作。

【案例要求】在"大鱼吃小鱼 V1.0"(2.6.2 案例 2)的基础上做如下改动:

(1)增加变量"得分"来统计所吃掉"fish"的数量,作为玩家分数统计。

（2）增加变量"小鱼数量"来控制海底"fish"的数量，从而确保舞台中"fish"数量不低于一定的值。

图 2-118　"大鱼吃小鱼 V2.0"案例效果图

【脚本提示】

第一步：打开"大鱼吃小鱼 V1.0.sb3"文件。（本书素材库 2.6.2 案例 2）

第二步：修改"Fish"角色的脚本。脚本修改可参考如图 2-119 所示。

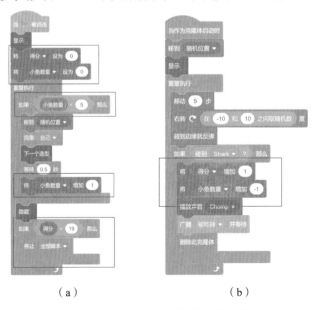

（a）　　　　　　　　　　（b）

图 2-119　"Fish"的参考脚本

案例 4　列表积木的应用（一）

【思考 1】分析下列脚本的运行结果。

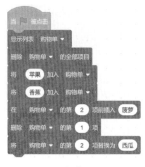

（a）

答案：

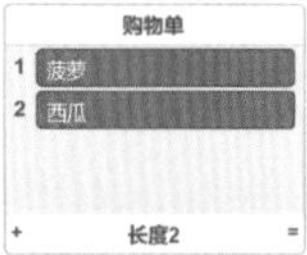

（b）

图 2-120　"思考 1"脚本及答案

【思考 2】分析下列脚本的运行结果。

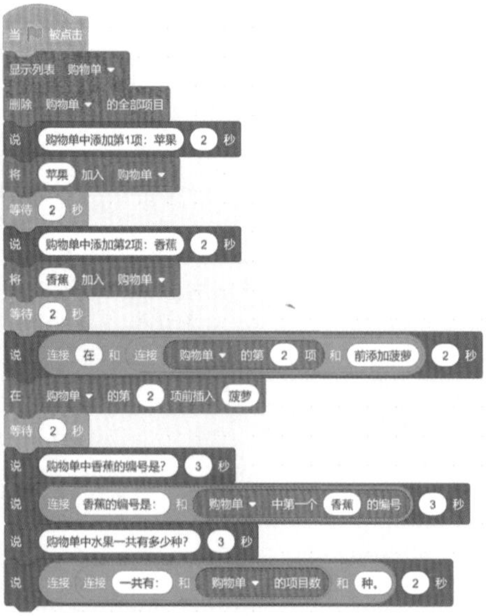

（a）

图 2-121　"思考 2"脚本及答案

答案：

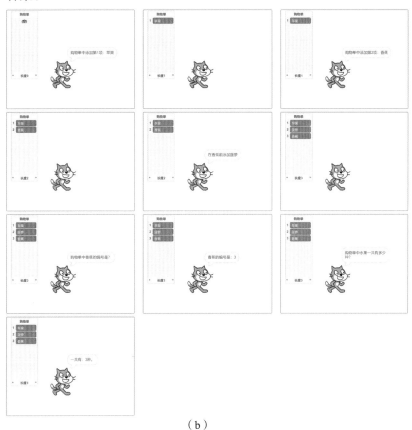

（b）

图 2-121　"思考 2"脚本及答案

案例 5　列表积木的应用（二）

【案例名称】"购物清单"制作。

【案例要求】舞台中有"插入""删除"两个按钮，鼠标点击"插入"按钮，"Abby"询问："你想要买什么？"回答结果加入购物清单；鼠标点击"删除"按钮，"Abby"询问："你有什么不想买吗？"此时，如果购物清单中有该商品，直接删除；如果没有，"Abby"提醒："购物清单中没有此物！"

【脚本提示】：

第一步：导入舞台背景库背景和角色。新建一个 Scratch 文件，从舞

台背景库中添加"Arctic"作为舞台背景库背景，从角色库中添加人物角色"Abby"，从本书素材库导入"Insert.sprite"和"Delete.sprite"两个文件并分别将对应的角色命名为"插入"和"删除"。

第二步：创建购物清单。单击"变量"积木组（）中的"建立一个列表"（建立一个列表）积木即可新建一个购物清单，调整舞台上购物清单列表的位置，随意输入几组数据作为列表的初始状态。

第三步：编辑角色"插入"的脚本。要实现单击"插入"角色后"Abby"角色能在舞台上进行提问并能通过键盘输入的方式获得要加入列表的内容，可参考的脚本如图 2-122 所示。

图 2-122　"插入"的参考脚本

第四步：编辑角色"Abby"的脚本。当接收到"插入"角色给出的提问后"Abby"需实现：①询问"还想买什么呢？"②通过键盘输入的内容获得还想购买的商品，然后查询"购物清单"列表看是否已经存在该商品，若存在，提示"购物清单里已经有了。"，不将该商品插入；若不存在，提示"好的，已添加。"，将该商品插入"购物清单"里列表。可参考的脚本如图 2-123 所示。

图 2-123　"Abby"的参考脚本

　　第五步: 编辑角色"删除"的脚本。要实现单击"删除"角色后"Abby"角色能在舞台上进行提问并能通过键盘输入的方式获得要在列表中删除的内容,可参考的脚本如图 2-124 所示。

图 2-124　"删除"的参考脚本

　　第六步: 编辑角色"**Abby**"的脚本。当接收到"删除"角色给出的提问后"Abby"需实现:③询问"不想买什么呢?"④通过键盘输入的内容获得想在"购物清单"里删除的商品,然后查询"购物清单"列表看是否已经存在该商品,若存在,提示"好的,已删除。",并将该商品从"购物清单"列表中删除;若不存在,提示"购物清单里没有呢!"。可参考的脚本如图 2-125 所示。

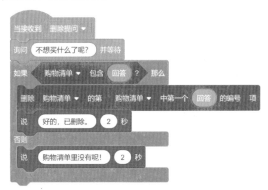

图 2-125　"Abby"的参考脚本

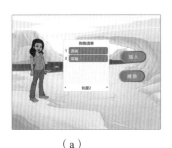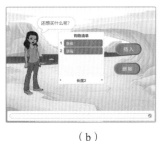

（a）　　　　　　　　　　（b）

图 2-126　"购物清单"案例效果图

113

案例 6　列表积木的应用（三）

【案例名称】"成绩表"制作。

【案例要求】成绩表中有"新增""插入""删除""修改"及"查找"五个按钮，鼠标点击每个按钮将对"学号""姓名""成绩"三个列表中的数据产生相应"新增""插入""删除""修改"及"查找"的效果。

【脚本提示】

第一步：导入舞台背景和角色。新建一个 Scratch 文件，从舞台背景库中添加"Blue Sky"作为背景，从本书素材库导入"Add.sprite""Insert.sprite""Delete.sprite""Update.sprite"和"Search.sprite"五个文件并分别将对应的角色命名为"新增""插入""删除""修改""查找"（外部文件见"案例素材"文件夹）。对照"案例效果图"将角色进行排版。

第二步：创建"学号""姓名""成绩"3 个列表。单击"变量"积木组（ ⬤ ）中的"建立一个列表"（ 建立一个列表 ）积木即可新建一个列表，按以上方法分别创建"学号""姓名""成绩"3 个列表，并在舞台上调整到合适的位置，随意输入几组数据作为列表的初始状态。

第三步：编辑角色"新增"的脚本。

"新增"角色要实现的功能有：

（1）当角色被点击时，询问：请输入学号。

（2）用变量"number"存放回答积木侦测到的刚输入的学号。

（3）将变量"number"的值添加到"学号"列表。

（4）利用询问积木、变量和列表积木的组合使用，实现姓名列表、成绩列表的数据显示。

（5）当点击小绿旗时，三个列表数据清零。

可参考的脚本如图 2-127 所示。

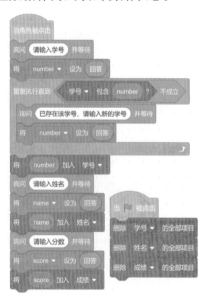

图 2-127　"新增"的参考脚本

第四步：编辑角色"插入"的脚本。

"插入"角色要实现的功能有：

（1）当角色被点击时，询问：请输入要插入的位置。

（2）用变量"index"存放回答积木侦测到的刚输入的记录号。

（3）询问：请输入学号。

（4）将变量"number"存放回答积木侦测到的刚输入的学号。

（5）判断学号是否已存在，如果存在，提示：已存在改学号，继续询问并等待新学号。

（6）当新学号输入后，依次在"姓名"和"成绩"列表中输入"姓名"和"成绩"。

可参考的脚本如图 2-128 所示。

图 2-128　"插入"的参考脚本

第五步：编辑角色"删除"的脚本。

"删除"角色要实现的功能有：

（1）当角色被点击时，询问：请输入要删除的记录号。

（2）用变量"index"存放回答积木侦测到的刚输入的记录号。

（3）如果记录号存在，说明有记录号对应的记录，此时，删除此条记录。

可参考的脚本如图 2-129 所示。

图 2-129　"删除"的参考脚本

第六步：编辑角色"修改"的脚本。

"修改"角色要实现的功能有：

（1）当角色被点击时，询问：请输入要修改成绩的学号。

（2）用变量"number"存放回答积木侦测到的刚输入的学号。

（3）将"学号"列表中第一个与"回答"相同的记录编号赋值给变量"index"。

（4）如果记录号存在，说明有学号对应的记录，此时，修改成绩。

可参考的脚本如图 2-130 所示。

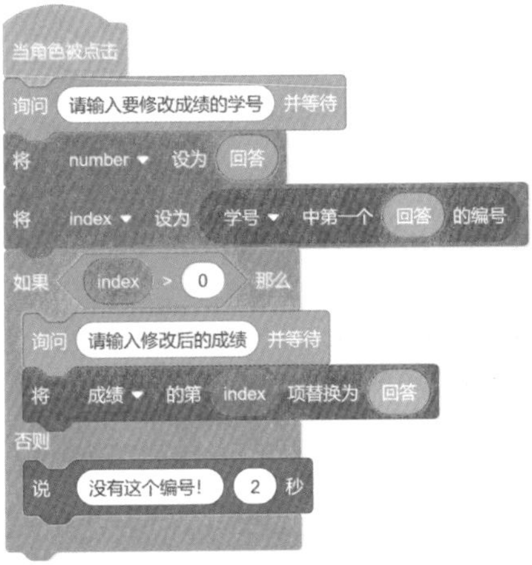

图 2-130　"修改"的参考脚本

第七步：编辑角色"查找"的脚本。

"查找"角色要实现的功能有：

（1）将接收到的"请输入查询学号"的回答赋值给变量"number"。

（2）将"学号"列表中第一个与"回答"相同的学号赋值给变量"index"。

（3）当"index"学号存在时，反馈查询结果；否则显示"没有这条记录"。

可参考的脚本如图 2-131 所示。

图 2-131　"查找"的参考脚本

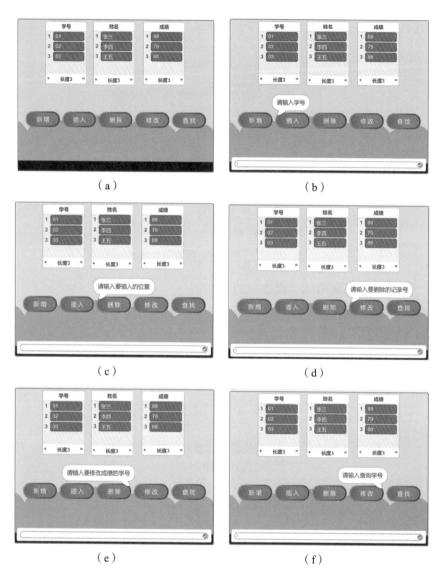

图 2-132 "成绩表"案例效果图

2.9　画笔积木

2.9.1　画笔积木的简介

画笔积木是可以使用不同的颜色和画笔大小进行绘图的积木。在 Scratch 3.0 中，这类积木被放到了扩展积木之中，用户可以根据自己的需要添加并使用。表 2-10 列出了画笔积木模块中所有积木的功能说明。

表 2-10　画笔积木模块中所有积木的功能说明

序号	积木	说明
1	全部擦除	清除舞台中所有的笔迹
2	图章	把角色当成图章，然后在舞台背景上盖章
3	落笔	把角色当作画笔，角色移动时会在舞台背景上留下笔迹
4	抬笔	抬起角色的画笔，角色移动时不会留下笔迹
5	将笔的颜色设为 ◯	设置画笔的颜色
6	将笔的 颜色 ▼ 增加 10	改变画笔笔迹的显示色彩
7	将笔的 颜色 ▼ 设为 50	设置画笔笔迹的某个参数
8	将笔的粗细增加 1	用来改变画笔的粗细
9	将笔的粗细设为 1	设置画笔笔迹的粗细

2.9.2　案例项目

案例1　图章积木的应用（一）

【案例名称】"图章积木块"和"克隆积木块"对角色的作用差别。

【案例要求】新建一个 Scratch 文件，任意添加两个角色，为两个角色分别添加如下脚本，运行程序后仔细观察，总结"图章积木块"和"克隆积木块"对角色的作用差别。

【脚本提示】

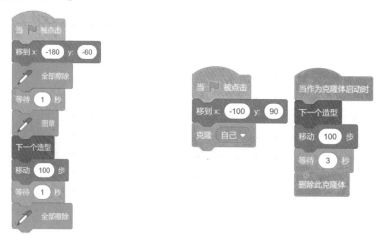

（a）图章积木　　　　　　　　　　　（b）克隆积木

图 2-133　图章积木应用（一）的参考脚本

【案例小结】利用图章积木，能在舞台上画出一模一样的角色。但是，使用图章画出的角色只能显示，不能做任何动作。

案例2　图章积木的应用（二）

【案例名称】"种树"动画制作。

【作品效果】用鼠标在舞台上单击，实现在鼠标单击的位置种下一棵"Trees"。

【脚本提示】

第一步：导入舞台背景和角色。新建一个 Scratch 文件，从舞台背景库中添加"Jurassic"作为背景，从角色库中添加"Trees"作为角色。

第二步：添加画笔积木。点击"添加扩展"按钮（），选择"画

笔"（　　　　　），添加画笔积木组。

第三步：编辑"舞台"的脚本。因为要实现用鼠标在舞台上单击能种树，所以鼠标在舞台上单击需给角色"Trees"发送"种树"的指令。可参考的脚本如图 2-134 所示。

图 2-134　"舞台"的参考脚本

第四步：编辑角色"Trees"的脚本。当收到"种树"的指令时，可使用图章积木实现种树，由于要在鼠标点击的位置种树，所以执行图章积木前需使用运动积木"移到鼠标指针" 移到 鼠标指针 ▼ 。同时，每次点击小绿旗启动程序重新种树前需先清空之前所有的树。可参考的脚本如图 2-135 所示。

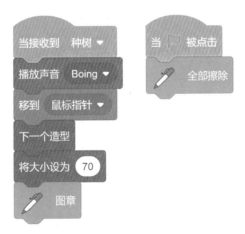

图 2-135　"Trees"的参考脚本

【案例效果截图】

（a）

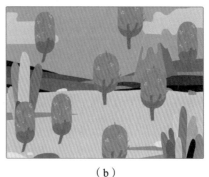
（b）

图 2-136　图章积木应用（二）案例效果图

案例 3　图章积木的应用（三）

【案例名称】旋转移动时能变形变色的小动物。

【案例要求】

（1）点击小绿旗，出现提示："按下空格键，换个小动物"。

（2）动物角色跟随鼠标移动，并在移动的过程中不断边变色边摆动身体边复制自己。

（3）在动物角色的运动过程中，如果按下空格键，换成另一种动物形态。

（4）点击"清理"按钮，清理到舞台内容。

【脚本提示】

第一步：编辑"Beetle"角色。
新建一个 Scratch 文件，导入角色"Beetle"，给角色改名为"小动物"。由于该角色在按下空格键时需换成另一种动物形态，所以需要在该角色的造型编辑区添加多个造型，最简单的做法是直接添加软件库中的其他动物，如"cat2""Hippo1-b"。角色"小动物"的造型如图 2-137 所示。

图 2-137　"Beetle"的角色造型

　　第二步：编辑"提示文字"角色。 用绘制模式新建一个角色，命名为"提示文字"。在造型编辑区使用文字工具编辑好该角色，内容可参考图 2-138。

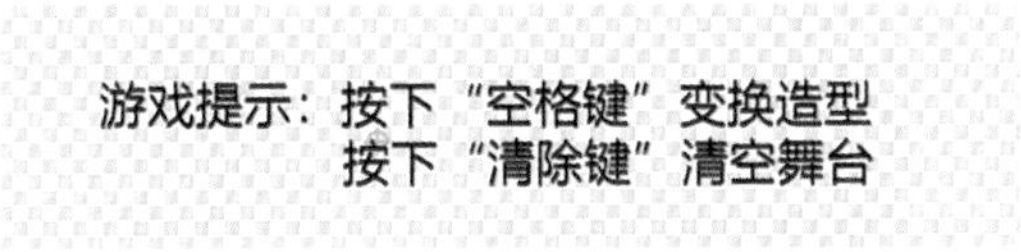

　　游戏提示：按下"空格键"变换造型
　　　　　　　按下"清除键"清空舞台

图 2-138　"提示文字"的参考内容

　　第三步：编辑"清理按钮"角色。 导入库中的角色"button2"，改名为"清理按钮"。在造型编辑区利用文字工具在按钮上添加文字"清理"，可参考的造型如图 2-139 所示。将该角色放置在舞台合适的位置。

清理

图 2-139　"清理按钮"的参考造型

　　对其进行脚本编辑，实现单击该按钮实现清理舞台上"动物"走过的痕迹。可参考的脚本如图 2-140 所示。

当角色被点击

全部擦除

图 2-140　清理舞台上"动物"走过痕迹的参考脚本

　　第四步：编辑"动物"角色的脚本。 该脚本要实现：

　　（1）点击小绿旗，"动物"角色跟随鼠标移动，并在移动的过程中不断边变色边摆动身体边复制自己。可参考的脚本如图 2-141 所示。

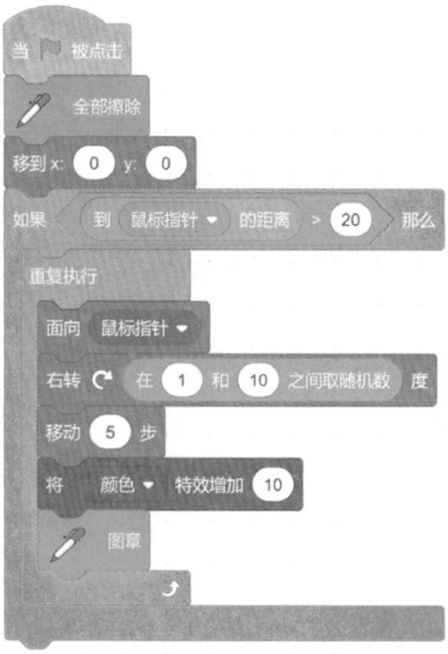

图 2-141　"动物"的参考脚本（一）

②在"动物"角色的运动过程中，如果按下空格键，换成另一种动物形态。可参考的脚本如图 2-142 所示。

当按下 空格 ▼ 键
下一个造型

图 2-142　"动物"的参考脚本（二）

游戏提示：按下"空格键"变换造型
按下"清除键"清空舞台

清理

图 2-143　图章积木应用（三）案例效果图

案例 4　画笔积木的应用（一）

【案例名称】几何图形的绘制 V1.0。

【案例要求】在舞台上绘制一个正方形和三角形。

【脚本提示】

画笔积木绘制直线的原理是： 先落笔，再移动，如果需要结束绘制，选择"抬笔"即可。

第一步：实现三角形的绘制。 在软件角色库中导入任意角色，如"cat"。因为舞台上要实现两个图形的绘制，所以需提前做好位置规划，对角色

"cat"进行位置初始化设置和面对方向初始化的设置（）。

在第一条边落笔之前，需先设置好画笔的颜色和粗细（），

然后落笔，利用移动积木绘制一条边（），移动的步数决定直线的长度。绘制第二条边前，由于几何图形绘制的关键点在于旋转角度的设置，如三角形每完成一条边的绘制后要向右旋转 120°，再画另一条

边（ 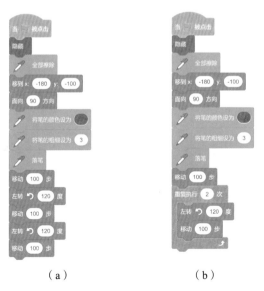 ）。可参考的脚本如图 2–144 所示。

（a）　　　　（b）

图 2–144　实现三角形绘制的参考脚本

第二步：**实现正方形的绘制**。在软件角色库中导入任意角色，如"Beetle"。首先，对角色"Beetle"进行位置初始化设置和面对方向初始化的设置。然后，设置好画笔的颜色和粗细后开始画第一条边，正方形每完成一条边的绘制后均需要向右（或向左）旋转90°，再接着画另一条边，为了看到绘制线条的过程，可增加等待积木。可参考的脚本如图 2-145 所示。

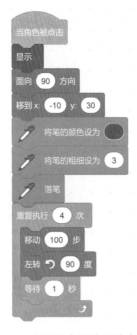

图 2-145 实现正方形绘制的参考脚本

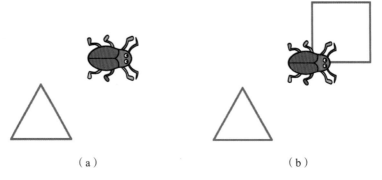

（a）   （b）

图 2-146 画笔积木应用（一）案例效果图

案例 5　画笔积木的应用（二）

【案例名称】几何图形的绘制 V2.0。

【案例要求】在舞台上绘制一个正五边形和一个正八边形。

【脚本提示】

思考：观察图 2-147，在正多边形的绘制过程中，每画下一条边时的旋转角度和边数是不是有一定的规律？

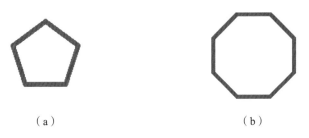

（a）　　　　　　　　　　　（b）

图 2-147　正多边形示例

结论：右转角度乘以循环次数刚好等于 360°。

正五边形的绘制可参考的脚本图 2-148（a）所示，正八边形的绘制可参考的脚本如图 2-147（b）所示。

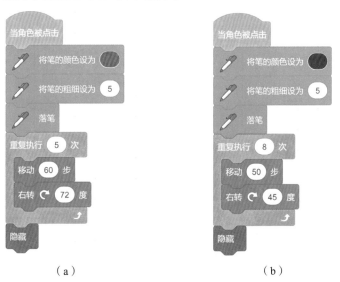

（a）　　　　　　　　　　　（b）

图 2-148　绘制正五边形和绘制正八边形的参考脚本

案例6　画笔积木的应用（三）

【案例名称】彩色花的绘制。

【案例要求】利用画笔工具实现一朵彩色花的绘制。

【脚本提示】

画图之前设置好画笔的颜色、粗细；画的过程中可以改变画笔的颜色、步长及旋转的方向，实现一朵花的绘制可参考的脚本如图2-149所示。

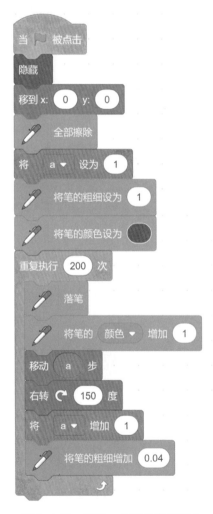

图 2-149　绘制一朵花的参考脚本

思考：输入脚本后更改数据，观察图形的变化，体会积木的用法。

图 2-150　画笔积木应用（三）案例效果图

2.10　自制积木

2.10.1　自制积木简介

如果 Scratch 3.0 中自带的积木无法完成你想要实现的任务，可以使用自制积木。

自制积木相当于对脚本进行封装，从而可以复用脚本，节约时间，提高效率。

表 2-11　自制积木说明

序号	积木	说明
1	说 ⬭ ⬭ 秒	用来创建新的积木；单击"制作新的积木"后将弹出"制作新的积木对话框"如下图，在该对话框中可完成新积木基本格式的设置

2.10.2　案例项目

案例 1　自制积木的应用（一）

【案例名称】定义一个"说积木"。

【案例要求】定 义 一 个 "说 积 木"，积 木 的 形 态 和 功 能 同

。

【脚本提示】

第一步：创建新积木的形态。单击"自制积木"中的"制作新的积木"，在弹出"制作新的积木对话框"先利用"添加文本标签"工具输入"说"，接着利用"添加输入项"工具添加"椭圆输入框"并输入提示值"内容"，再利用"添加输入项"工具添加"椭圆输入框"并输入提示值"时间长"，最后利用"添加文本标签"工具输入"秒"。积木形态如图 2-151 所示。

图 2-151　积木形态

第二步：实现新建积木功能。用   来实现功能，但需要将自定义积木中的两个变量"内容"和"时间长"拖入

积木的相应位置。如图 2-152 所示。

图 2-152　实现新建积木功能的参考脚本

同时，在自制积木列表中将出现刚刚创建的积木，如图 2-153 所示。

图 2-153　自制积木列表中出现新建的积木

第三步：使用新积木。在舞台中任意插入软件角色库中的一个角色，对其使用新积木，如图 2-154 所示。观察新积木的功能。

图 2-154　使用新积木

案例 2　自制积木的应用（二）

【案例名称】几何图形的绘制 V3.0。

【案例要求】创建一个绘制三角形的积木，形态如同 。

【脚本提示】

第一步：创建新积木的形态。在舞台导入软件角色库中的任意一个角色，单击"自制积木"中的"制作新的积木"，在弹出"制作新的积木对话框"先利用"添加文本标签"工具输入"绘制三角形"。

第二步：实现新建积木功能。利用画笔积木的应用（一）中介绍的脚本实现绘制三角形，可参考的脚本如图 2-155 所示。

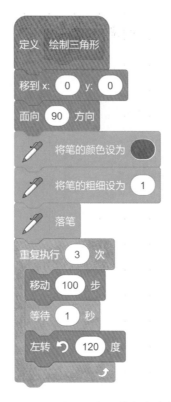

图 2-155　绘制三角形的参考脚本

第三步：使用新积木。使用该自制积木可参考的脚本如图 2-156
所示。

图 2-156　使用自制积木的参考脚本

案例 3　自制积木的应用（三）

【案例名称】几何图形的绘制 V4.0。

【案例要求】自制一个绘制正多边形的积木，能自定义是正几边形和自定义多边形的边长。

【脚本提示】

第一步：创建新积木的形态。 可参考图 2-157。

图 2-157　创建新积木的形态

第二步：实现新建积木功能。 在如图 2-157 所示的积木形态中，边数 N 和边长 a 在定义自制积木时为变量。因正多边形的外角和为 360°，所以每绘制完一条边要旋转 360°/n 后再绘制下一条边。可参考的脚本如图 2-158 所示。

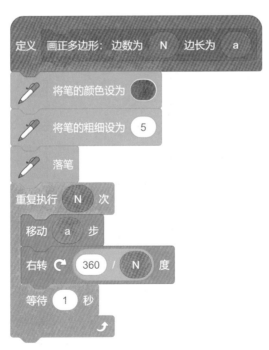

图 2-158　实现新建积木功能的参考脚本

第三步：使用新积木。主程序中可用变量积木和侦测积木实现通过键盘输入的方式自定义正多边形的边数和边长。可参考的脚本如图2-159所示。

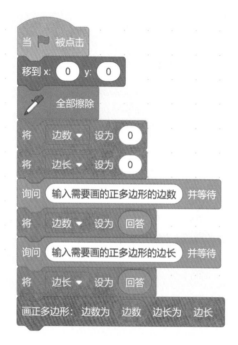

图 2-159　使用新积木的参考脚本

第 3 章　Scratch 小游戏

通过前面章节的学习，大家基本上掌握了 Scratch 的使用方法，具有了一定的脚本编写能力。本章将给大家出几个综合应用题，利用已经掌握的知识尝试制作简单的小游戏。每个游戏主题的要求之后均给出了一个示范案例以作参考。

3.1　垃圾分类游戏

本节带你设计一个垃圾分类的小游戏，去帮助你身边的人，让他们快速地学会如何进行垃圾分类。

游戏效果建议如下。

建议一：玩家能够用鼠标拖动各种垃圾到对应垃圾桶，如果放对了，显示正确，随后垃圾进入垃圾桶；如果放错了，显示错误，垃圾回到原处，无法投放。

建议二：屏幕上垃圾逐一弹出，玩家需点击垃圾对应的垃圾桶，系统判定正确与否，并给出答案。

游戏参考素材如图 3-1 所示。

图 3-1　游戏参考素材

3.1.1　前期准备阶段

1.舞台背景

游戏开始界面。界面上需提示游戏的名称，同时提供一个可通过点击开始游戏的按钮如图 3-2 所示。

图 3-2　游戏开始界面

游戏主界面。这是玩家学习垃圾分类的主界面，该界面需要有四个不同类别的垃圾桶以及需要分类的不同类别的垃圾。垃圾和垃圾桶可以自己绘制，也可以从网上下载（可参考图 3-3）。

图 3-3　游戏主界面

游戏结束界面。标识游戏结束，有两种情况：一种是玩家在规定时间内答题完成，显示"恭喜过关"；另一种是玩家在规定时间内答题未完成，显示"努力学习，下次再来！"（如图 3-4 所示）。

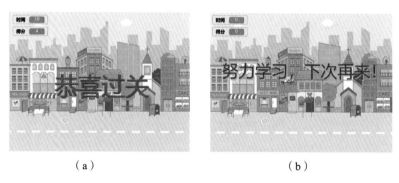

（a）　　　　　　　　　　　　（b）

图 3-4　游戏结束界面

2. 角色

角色 1～4：各类垃圾桶（图 3-5）。游戏需要检测玩家是否了解各类垃圾，是否能将舞台上出现的垃圾正确地放到相应的垃圾桶内，因此每种类型的垃圾桶都需设置为一个角色，本示范案例将角色 1 设为干垃圾桶，角色 2 设为湿垃圾桶，角色 3 设为可回收垃圾桶，角色 4 设为有害垃圾桶。

（a）　　　　　（b）　　　　　（c）　　　　　（d）

图 3-5　各类垃圾桶

角色 5～8：各类垃圾（图 3-6）。垃圾类型也设定为 4 种，各为一个角色。

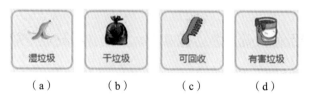

（a）　　　　　（b）　　　　　（c）　　　　　（d）

图 3-6　各类垃圾

角色 9："开始"按钮（图 3-7）。在游戏开始界面需放置一个按钮，单击该按钮即可进入游戏主界面开始游戏。

图 3-7　开始按钮

角色 10：游戏标题（图 3-8）。在游戏开始界面放置一个游戏标题，告知玩家是什么游戏。角色可自行绘制。

垃圾分类小游戏

图 3-8　游戏标题

角色 11：游戏结束界面"文字 1"（图 3-9）。当玩家在规定时间内完成了游戏任务进入游戏结束界面，此时舞台根据题目要求，显示"恭喜过关"。

恭喜过关

图 3-9　游戏结束界面"文字 1"

角色 12：游戏结束界面"文字 2"（图 3-10）。当玩家在规定时间内没有完成游戏任务直接进入到游戏结束界面，此时舞台根据题目要求，显示"努力学习，下次再来！"。

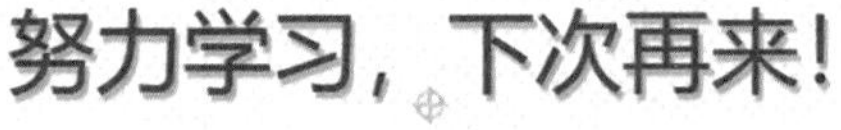

努力学习，下次再来！

图 3-10　游戏结束界面"文字 2"

3. 变量

变量"得分"：用于统计答题实时得分的情况，在游戏主界面的左上部显示。

变量"时间"：用于计时，控制游戏的结束时间，在游戏主界面的左上部显示。

3.1.2 脚本编写阶段

1. 舞台背景脚本

舞台背景有两个造型，分别选择舞台背景库中的"Colorful City"和"Blue Sky"，其中"Colorful City"作为游戏开始界面和游戏结束界面的背景，"Blue Sky"作为游戏主界面的背景。当小绿旗被点击时，进入游戏开始界面，同时初始化"时间"和"得分"两个变量（如图 3-11 所示）。

图 3-11　舞台背景的参考脚本

当接收到"开始游戏"的消息，进入游戏主界面，调整背景为"Blue Sky"，同时为了活跃游戏气氛，添加游戏的背景音乐（如图 3-12 所示）。

图 3-12　添加游戏的背景音乐的参考脚本

接收到"开始游戏"消息的同时，进行倒计时及得分的统计。如果得分大于指定值，发出"恭喜过关"的指令，否则时间减少，直到时间为 0，发出"游戏结束"的指令（如图 3-13 所示）。

图 3-13　游戏开始与结束规则的参考脚本

角色 1～4：各类"垃圾桶"脚本（图 3-14）。四个垃圾桶都需要实现，当小绿旗被点击时隐藏，当接收到"开始游戏"消息时显示，当接收到"游戏结束"或"恭喜过关"的消息时隐藏。

图 3-14　各类"垃圾桶"的显示与隐藏的参考脚本

角色 5～8：各类"垃圾"脚本（图 3-15）。各类垃圾均需实现当小绿旗被点击时隐藏，当接收到"开始游戏"消息时显示，当接收到"游戏结束"或"恭喜过关"的消息时隐藏。

图 3-15　各类"垃圾"的显示与隐藏的参考脚本

当接收到"开始游戏"消息时，为了每次进入游戏有不同的"垃圾"出现，每个类型的"垃圾"都设计了 6 个不同的造型，可随机选择。"垃圾"设为可以拖动，拖动到"垃圾桶"的同时进行判定是否投放正确，如果正确，得分变量加 1，"垃圾"消失；否则，"垃圾"从"垃圾桶"弹出，回到原来的位置，等待再次投放。为了游戏更加生动，投放正确和投放错误添加了不同的音效。注意不同"垃圾"是否投中的判断条件是有细微差别的，需对脚本进行微调，脚本如图 3-16 所示。

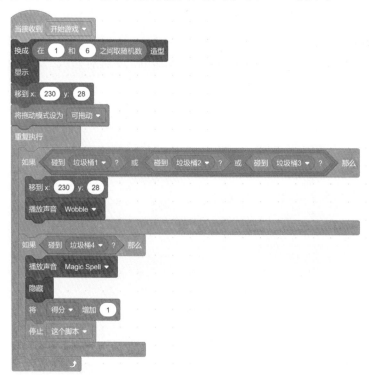

图 3-16　"垃圾"投中的判断条件的参考脚本

角色 9："开始"按钮脚本（图 3-17）。开始界面的"开始"按钮需实现当单击小绿旗时显示在游戏开始界面，同时，单击该按钮可以进入游戏主界面开始游戏。

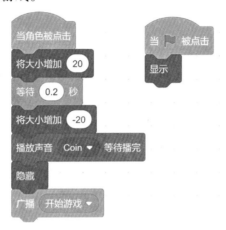

图 3-17　"开始"按钮的参考脚本

角色 10："游戏标题"脚本（图 3-18）。需实现当单击小绿旗时显示在开始界面，接收到"开始游戏"的消息后隐藏。

图 3-18　"游戏标题"的参考脚本

角色 11：游戏结束界面"文字 1"脚本（图 3-19）。需实现当单击小绿旗时隐藏，当接收到"恭喜过关"的消息后显示，同时播放声音库中的"Win"音效。

图 3-19　游戏结束界面"文字 1"的参考脚本

角色 12：游戏结束界面"文字 2"脚本（图 3-20）。需实现当单击小绿旗时隐藏，当接收到"游戏结束"的消息后显示，同时播放声音库中的"Lose"音效。

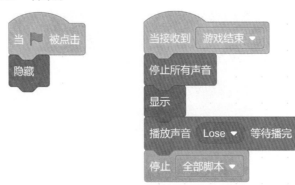

图 3-20　游戏结束界面"文字 2"的参考脚本

3.2　打地鼠游戏

本节带你设计一个打地鼠的小游戏，玩家通过操控锤子击打从地洞里冒出来的地鼠得分。

游戏效果建议如下：

（1）背景：需要两个，游戏开始前一个背景，游戏开始后另一个背景。同时，得分变量和时间变量的初始化可在背景的脚本编辑区完成。

（2）角色及角色的分工。

"开始按钮"角色：点击该角色，广播游戏开始，同时背景切换到游戏背景。

"锤子"角色：拥有"普通"和"攻击"两个造型，当角色侦测到"按下鼠标"时，通过改变造型，实现击打效果。

"结束信息"角色：当"接收到游戏结束"的消息时，显示在舞台中央。

"地鼠 1"角色（第一个地洞的地鼠）：当"游戏开始"后，会每隔一小段时间从地洞中钻出，稍做停留后，隐藏；如果侦测到"碰到锤子"

和"锤子的造型名称＝攻击"时，播放声音"water drop"，同时得分加 1。

"**地鼠 2**"～"**地鼠 9**"**角色：**与"地鼠 1"角色的功能相似，只需要调整随机出现的时间和最初的位置。

3.2.1　前期准备阶段

1. 舞台背景

游戏开始界面。用于介绍游戏规则，并提供一个可通过点击能进入游戏的按钮（如图 3-21 所示）。

图 3-21　游戏开始界面

游戏主界面。可以从网上下载合适的图片导入，也可从舞台背景库中选择。本示范案例是从舞台背景库中选择的"Forest"（如图 3-22 所示）。

（a）　　　　　　　　　　　　　　　（b）

图 3-22　游戏主界面

游戏结束界面。用于标识游戏结束，提供玩家得分和一个可通过点击能再次进入游戏的按钮（如图 3-23 所示）。

图 3-23 游戏结束界面

2. 角色

角色 1："锤子"。"锤子"至少需要用两种造型来实现捶打"地鼠"的动态效果。最为简单的"锤子"可以直接利用造型编辑区中的矩形工具来实现（可参考图 3-24），同时为了增加击打地鼠的命中率，在锤子附件可绘制一个瞄准点，如 ⊕。

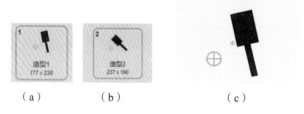

（a）   （b）   （c）

图 3-24 "锤子"的两种造型及瞄准点

角色 2："地洞"。需有 9 个"地洞"角色，每个"地洞"角色都是一样的，比较简单，单一造型即可（如图 3-25 所示）。

图 3-25 "地洞"的造型

角色 3："地鼠"。因设置了 9 个"地洞"，每个"地洞"要分配一只"地鼠"，所以需 9 只"地鼠"角色。这 9 只"地鼠"角色都是一样的。根据游戏规则，"地鼠"角色需要设置 4 种造型，分别是正常的"刺刺鼠"和被打晕的"刺刺鼠"，正常的"地鼠"和被打晕的"地鼠"（如图 3-26 所示）。

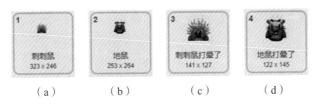

图 3-26　正常"地鼠"和被打晕"地鼠"的造型

角色 4："开始游戏"按钮。"开始游戏"按钮出现在游戏开始界面，点击该按钮将进入游戏主界面，为了让点击按钮更加生动，该角色可设置不同的颜色以作区别（如图 3-27 所示）。

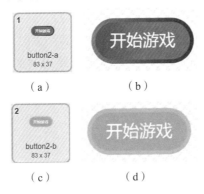

图 3-27　"开始游戏"按钮

角色 5："再来一次"按钮。效果同角色 4"开始游戏"按钮（如图 3-28 所示）。

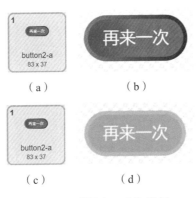

图 3-28　"再来一次"按钮

角色 6：游戏主界面的"打地鼠"标题。这个角色仅仅在进入游戏

主界面时出现, 起到游戏过程中的提示作用 (如图 3-29 所示)。

图 3-29　游戏主界面的 "打地鼠" 标题

3. 变量

变量 "得分": 用于统计打地鼠的实时得分情况, 在游戏主界面的左上部显示。

变量 "时间": 用于计时, 控制游戏的结束时间。

变量 "总分": 用于统计打地鼠游戏结束时的最终得分情况, 在游戏结束界面显示。

图 3-30　变量 "得分" "时间" "总分"

3.2.2　脚本编写阶段

1. 舞台背景脚本

如图 3-31 所示, 第一段脚本需实现单击小绿旗进入游戏开始界面, 同时将 "得分" "时间" "总分" 这三个变量隐藏, 播放背景音乐。

图 3-31　舞台背景的第一段参考脚本

如图 3-32 所示，第二段脚本需实现当获得"开始游戏"的消息后，将"得分"变量设为 0、"时间"变量设为 30 或其他固定的时间，两个变量显示在游戏主界面的左上角。用一段循环积木来调整游戏时间，当游戏时间截止时广播"游戏结束"，同时将"得分"和"时间"变量隐藏。

图 3-32　舞台背景的第二段参考脚本

如图 3-33 所示，第三段脚本需实现当接受到"游戏结束"消息时换成游戏结束界面，同时将此刻的"得分"赋值给"总分"，显示在游戏结束界面，播放游戏结束界面的音乐。

图 3-33　舞台背景的第三段参考脚本

2. "锤子"角色脚本

如图 3-34 所示，第一段脚本用于实现当小绿旗点击时进入游戏开始界面，"锤子"角色隐藏。

图 3-34　"锤子"角色的第一段参考脚本

如图 3-35 所示，第二段脚本用于实现当接收到"开始游戏"的消息时，换成"造型 1"并显示，同时为了方便击打，"锤子"需"移到最上层"。为了实现良好的击打效果，创建一个名为"打"的自制积木，该积木主要用"锤子"的两种造型间的切换来实现击打效果。最后在当接收到"开始游戏"的消息积木后反复执行"移到鼠标指针"，同时不断判断是否"按下鼠标"，如果"按下鼠标"即进行"击打"。

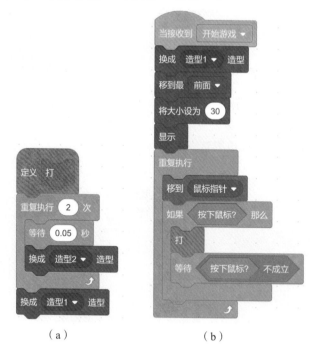

（a）　　　　　　　（b）

图 3-35　"锤子"角色的第二段参考脚本

如图 3-36 所示，第三段脚本用于实现当接收到"游戏结束"消息时将"锤子"隐藏。

图 3-36 "锤子"角色的第三段参考脚本

3. "地鼠"角色脚本

如图 3-37 所示，"地鼠 1"～"地鼠 9"的第一段脚本用于实现当小绿旗点击时进入游戏开始界面，"地鼠"角色隐藏，同时完成该角色的大小、造型及位置的初始化设置。注意，不同的"地鼠"初始化的位置是不同的。

图 3-37 "地鼠"角色的第一段参考脚本

如图 3-38 所示，"地鼠 1"～"地鼠 9"的第二段脚本用于实现当接收到"开始游戏"的消息后，"地鼠"能重复执行在指定的地洞每隔一段时间进行显示和隐藏。注意，不同的"地鼠"等待的随机时间，切换的造型要有所区别，"普通地鼠"和"刺刺地鼠"要有所区别。

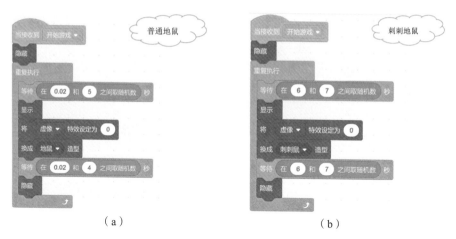

图 3-38　"地鼠"角色的第二段参考脚本

如图 3-39 所示，"地鼠 1"～"地鼠 9"的第三段脚本用于实现当接收到"开始游戏"的消息后，"地鼠"能反复判断是否被"锤子"捶打到或"锤子"因为捶到了"地鼠"已换成了编号为 2 的造型，当满足上述两个条件，则判断被捶到，此时，换成被打晕了的造型，同时得分变量增加 100，时间增加 1 秒。9 只"地鼠"中分为"普通地鼠"和"刺刺地鼠"，注意脚本的细微差别。

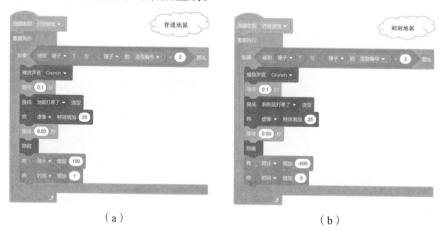

图 3-39　"地鼠"角色的第三段参考脚本

如图 3-40 所示，"地鼠 1"～"地鼠 9"的第四段脚本用于实现当背景换成了游戏结束界面时停止这些角色的所有脚本。

图 3-40　"地鼠"角色的第四段参考脚本

4. "地洞"角色脚本

9 个"地洞"都需要实现当小绿旗点击时进入游戏开始界面，地洞角色隐藏。当接收到"开始游戏"的消息时显示初始化位置，此时，不同的"地洞"注意要配合"地鼠"不同的初始化位置。当接收到"游戏结束"的消息时，隐藏角色。脚本如图 3-41 所示。

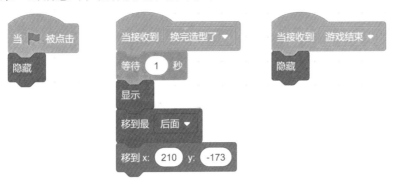

图 3-41　"地洞"角色的参考脚本

5. "开始游戏"按钮脚本

这个角色需实现当小绿旗点击时显示，进行在游戏开始界面的初始化位置的设置，然后反复进行是否有鼠标触碰的判断，如果有鼠标触碰，改变造型，让玩家看到触碰按钮的效果，如果触碰后单击鼠标，则立刻播放"进入游戏音乐"并切换到游戏主界面开始游戏，否则返回初始化造型。脚本如图 3-42 所示。

图 3-42　"开始游戏"按钮的参考脚本

6. "重来游戏"按钮脚本

这个角色需实现当小绿旗点击时隐藏，当接收到"游戏结束"消息时显示，反复判断是否被按下，如果收到广播"下一个背景"，即进入游戏开始界面，重新开始游戏。脚本如图 3-43 所示。

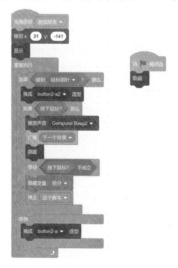

图 3-43　"重来游戏"按钮的参考脚本

7. 游戏主界面的 "打地鼠标题" 脚本

该角色仅需在游戏开始界面出现，故除了收到 "开始游戏" 时，单击小绿旗和收到 "游戏结束" 消失时都隐藏。脚本如图 3-44 所示。

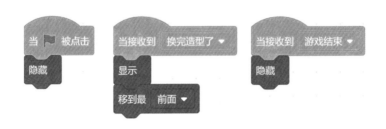

图 3-44　游戏主界面的 "打地鼠标题" 的参考脚本

3.3　迷宫探险游戏

本节带你设计一个迷宫探险游戏，在游戏中，"小企鹅" 要拿到 5 把藏在迷宫中的 "钥匙" 才能获得胜利，取得游戏过关。

游戏效果建议如下。

游戏一共分为三个场景。

第一场景：游戏开始界面。点击 "进入游戏" 文字，进入下一场景。

第二场景：游戏主界面。"小企鹅" 在迷宫中行走，伴随着行走会有走路的声音，如果不小心撞到迷宫的墙壁，会给出提示音。"钥匙" 分布在迷宫的各个地方，其中 4 把 "钥匙" 的位置固定，1 把 "钥匙" 的位置会发生改变。每找到 1 把 "钥匙" 后，会给出提示音。当 5 把 "钥匙" 都找到了，切换至下一场景。

第三场景：游戏结束界面。第三场景中将给出 "恭喜游戏过关" 的提示，并公布游戏所用时间。如果还想挑战，可点击右下角 "再试一次" 按钮，重新进入第二场景挑战。

3.3.1 前期准备阶段

1. 舞台背景

游戏开始界面。运行脚本时进入的界面，界面上提供一个可通过点击能开始游戏的按钮和一个可以通过点击进入查看游戏规则的按钮（如图 3-45 所示）。

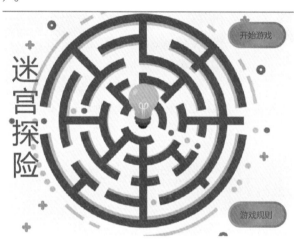

图 3-45　游戏开始界面

游戏规则界面。用于介绍游戏的规则，并提供一个返回游戏开始界面的按钮（如所图 3-46 所示）。

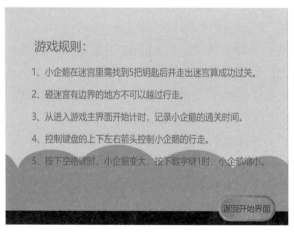

图 3-46　游戏规则界面

游戏主界面。该界面为迷宫，可以从网上下载，也可利用造型编辑区的工具进行绘制如图 3-47 所示）。

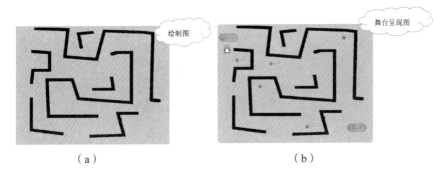

（a）　　　　　　　　　　　（b）

图 3-47　游戏主界面

游戏结束界面。当"小企鹅"取得所有"钥匙"，并成功地从出口走出迷宫后，进入游戏结束界面，界面将出现"恭喜过关"的字样，公布玩家走迷宫的时间，并提供"再来一次"按钮重新开始游戏和"返回开始界面"按钮进入游戏开始界面，如图 3-48 所示。

图 3-48　游戏结束界面

2. 角色

角色 1："企鹅"。如图 3-49 所示，设计两种造型，一种是常规走路状态的造型"penguin2-a"，一种是碰到迷宫墙稍带表情的造型"penguin2-b"。

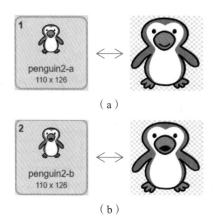

（a）

（b）

图 3-49 "企鹅"的两种造型

角色 2："钥匙 1"。该角色在每次游戏开始时出现在迷宫的固定位置，可以自行绘制（如图 3-50 所示），也可以从网上下载。因游戏设定中有 4 把固定位置的钥匙，所以一共需要 4 个"钥匙 1"角色，每个角色的初始化位置都不相同。

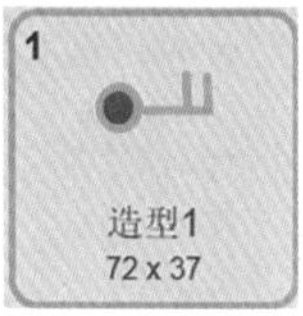

图 3-50 "钥匙 1"造型

角色 3："钥匙 2"。该角色在每次开始游戏时会出现在迷宫的不同位置，可以自行绘制（如图 3-51 所示），也可以从网上下载。

图 3-51 "钥匙 2"造型

角色 4：开始界面"标题"文字。用于游戏开始界面。

角色 5：开始界面"开始游戏"按钮。如图 3-52 所示，按钮用于游戏开始界面，可在角色库中角色"button2"的基础上直接插入文字。

开始游戏

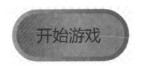

图 3-52　“开始游戏”按钮

角色 6：游戏开始界面“游戏规则”按钮。如图 3-53 所示，在“开始游戏”按钮的基础上修改文字即可。

游戏规则

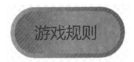

图 3-53　“游戏规则”按钮

角色 7：游戏规则界面的“游戏规则”文字。如图 3-54 所示，直接在角色的造型编辑区用文字工具实现。

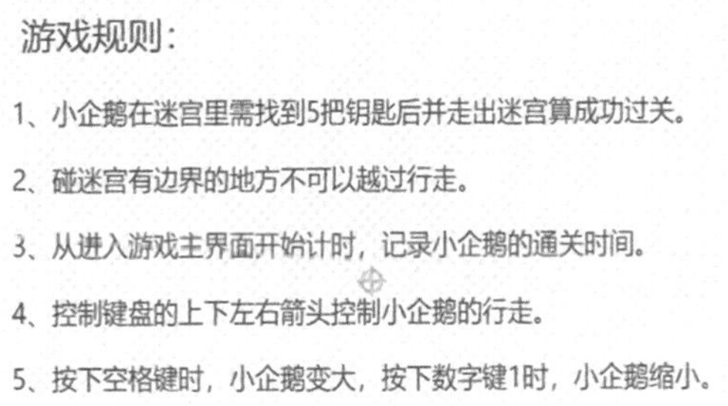
游戏规则：
1、小企鹅在迷宫里需找到5把钥匙后并走出迷宫算成功过关。
2、碰迷宫有边界的地方不可以越过行走。
3、从进入游戏主界面开始计时，记录小企鹅的通关时间。
4、控制键盘的上下左右箭头控制小企鹅的行走。
5、按下空格键时，小企鹅变大，按下数字键1时，小企鹅缩小。

图 3-54　“游戏规则”文字

角色 8：游戏主界面的“入口”按钮。如图 3-55 所示，制作方法同前文。

入口

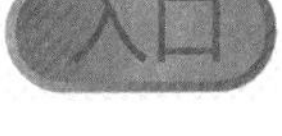

图 3-55　游戏主界面的“入口”按钮

角色 9：游戏主界面的“出口”按钮。如图 3-56 所示，制作方法同前文。

出口

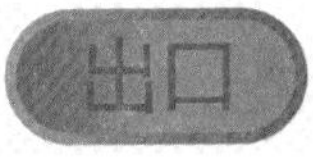

图 3-56　游戏主界面的“出口”按钮

角色 9：游戏结束界面的"鸭子"角色。用于给出玩家走出迷宫的时间，可直接选用角色库中的角色，案例选用的是角色库中的"Duck"。

角色 10：游戏结束界面的"恭喜过关"文字。如图 3-57 所示，制作方法同前文。

图 3-57　　"恭喜过关"文字

角色 11：游戏结束界面的"返回界面按钮"。如图 3-58 所示，制作方法同前文。

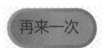

图 3-58　　"返回开始界面"按钮

角色 12：游戏结束界面的"再来一次"按钮。如图 3-59 所示，制作方法同前文。

再来一次

图 3-59　　"再来一次"按钮

3. 变量

变量"钥匙"：用于统计企鹅找到的钥匙数量。

3.3.2　脚本编写阶段

1. 背景脚本

本案例背景无需设置脚本。

2. 企鹅脚本

"企鹅"角色脚本是本作品的核心。

首先需实现当点击小绿旗时和当背景换成了游戏结束界面时隐藏角色（如图 3-60 所示）。

图 3-60　隐藏角色的参考脚本

当进入到游戏主界面时显示角色，对其进行初始化设置（如图 3-61 所示）。

图 3-61　显示并初始化角色的参考脚本

同时，"企鹅"在迷宫中行走时，需反复对舞台背景进行判断，如处于游戏主界面则播放背景音乐，如已切换到游戏结束界面则停止本脚本（如图 3-62 所示）。

图 3-62　判断舞台背景的参考脚本

　　"企鹅"在迷宫中需实现能使用键盘上的方向键"↑""↓""←""→"控制移动的方向，并且在移动过程中需进行判断是否碰到了迷宫的墙、是否找到了所有钥匙和是否从出口走出，在移动过程中一旦找到了所有钥匙和从出口走出的两个条件同时满足，则立刻切换到游戏结束界面（如图 3-63 所示）。每个方向键的移动脚本都结合了一个对应的自制碰撞积木来实现对企鹅的控制。

图 3-63　结束游戏的参考脚本

　　当按下"↑"键的移动实现需结合自制积木"碰撞 y-5"来实现。自制积木"碰撞 y-5"实现的是当企鹅碰到了迷宫墙时通过变化造型及播放碰撞音效来提示碰到了墙，同时自动回退到碰墙之前的位置。因按下"↑"键是通过增加 y 坐标来实现，所以退到碰墙之前的位置用到的积木块保持 x 坐标同时减少 y 坐标（如图 3-64 所示）。

图 3-64　向上移动的参考脚本

　　当按下"↓"键的移动实现需结合自制积木"碰撞 y+5"来实现，因按下"↓"键是通过减少 y 坐标来实现，所以退到碰墙之前的位置用到的积木块保持 x 坐标同时增加 y 坐标（如图 3-65 所示）。

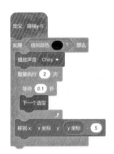

图 3-65　向下移动的参考脚本

　　当按下"←"键的移动实现需结合自制积木"碰撞 x+5"来实现，因按下"←"键是通过减少 x 坐标来实现，所以退到碰墙之前的位置用到的积木块保持 y 坐标同时增加 x 坐标（如图 3-66 所示）。

图 3-66　向左移动的参考脚本

　　当按下"→"键的移动实现需结合自制积木"碰撞 x-5"来实现。因按下"→"键是通过增加 x 坐标来实现，所以退到碰墙之前的位置用到的积木块保持 y 坐标同时减少 x 坐标（如图 3-67 所示）。

图 3-67　向右移动的参考

3. "钥匙 1" 脚本

当小绿旗被点击时"钥匙 1"隐藏，同时给变量"钥匙"赋值为 0（如图 3-68 所示）。

图 3-68　为"钥匙"变量赋值的参考脚本

当进入到游戏主界面时，"钥匙 1"通过克隆自己 3 次，在迷宫的不同位置放上"钥匙 1"。"钥匙 1"反复进行判断是否被"企鹅"找到，找到即"钥匙"变量加 1，同时"钥匙 1"隐藏，为了增加游戏的生动性配上合适的音效，脚本如图 3-69（a）所示。而作为克隆体存在的另外 3 把"钥匙 1"，也要反复地进行判断是否被"企鹅"找到，如被找到同样需使"钥匙"变量加 1，同时删除自己，从迷宫消失（如图 3-69（b）所示）。

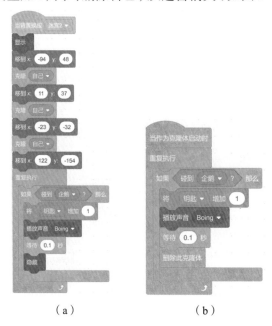

（a）　　　　　　　　　（b）

图 3-69　"钥匙 1"的参考脚本

4."钥匙 2"脚本

和"钥匙 1"相比，"钥匙 2"会多一些变化，以增加游戏的难度。"钥匙 2"有两段一样的判定脚本，原因是"钥匙 2"角色不是固定在一个位置，而且在两个位置交替出现（如图 3-70 所示）。

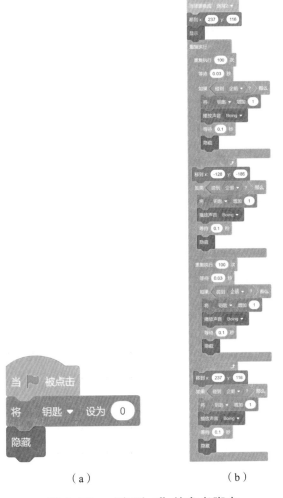

（a）　　　　　　　　　　（b）

图 3-70　"钥匙 2"的参考脚本

5. 游戏开始界面"标题"文字脚本

当小绿旗被点击，进入游戏开始界面，需显示"标题"文字角色，而在其他三个背景下，该角色都需隐藏（如图 3-71 所示）。

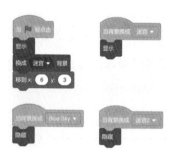

图 3-71 游戏开始界面"标题"文字的参考脚本

6. 开始界面"开始游戏"按钮脚本

当小绿旗被点击，进入游戏开始界面，需显示"开始游戏"按钮角色，初始化其位置；当"开始游戏"按钮角色被点击时，进入游戏主界面，"开始游戏"按钮隐藏；当切换到其他三个背景时，该角色都需隐藏（如图 3-72 所示）。

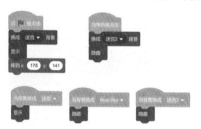

图 3-72 游戏开始界面"开始游戏"按钮的参考脚本

7. 游戏开始界面"游戏规则"按钮脚本

当小绿旗被点击，进入游戏开始界面，需显示"游戏规则"按钮角色，初始化其位置；当"游戏规则"按钮角色被点击时，进入游戏规则介绍界面；当切换到其他两个背景时，该角色都需隐藏（如图 3-73 所示）。

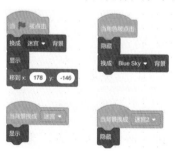

图 3-73 游戏开始界面"游戏规则"按钮的参考脚本

8. 游戏规则界面的"游戏规则"文字脚本

当小绿旗被点击，该角色需隐藏；当进入到游戏规则界面，该角色显示；当换成其他背景，该角色需隐藏（如图 3-74 所示）。

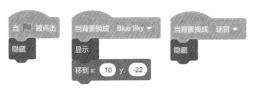

图 3-74　游戏规则界面的"游戏规则"文字的参考脚本

9. 游戏主界面的"入口"按钮脚本如图 3-75 所示

图 3-75　游戏主界面的"入口"按钮的参考脚本

10. 游戏主界面的"出口"按钮脚本如图 3-76 所示

图 3-76　游戏主界面的"出口"按钮的参考脚本

11. 游戏结束界面的"Duck"脚本如图 3-77 所示

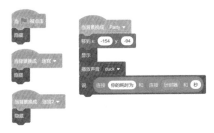

图 3-77　游戏结束界面的"Duck"的参考脚本

12. 游戏结束界面的"恭喜过关"文字脚本如图 3-78 所示

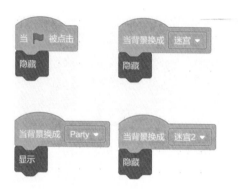

图 3-78　游戏结束界面的"恭喜过关"文字的参考脚本

13. 游戏结束界面的"返回界面"按钮脚本如图 3-79 所示

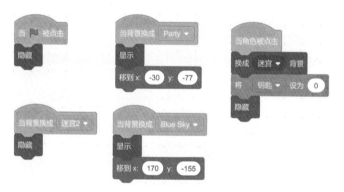

图 3-79　游戏结束界面的"返回界面"按钮的参考脚本

3.4　飞机大战游戏

本节带你设计一个飞机大战游戏,该游戏需设定两个或两个以上难度不同的关卡,玩家在游戏的每个关卡中需通过操控飞机消灭出现的所有虫子(或其他设定的障碍物)才能闯关成功,进入下一级。当通过设置的所有关卡后,即取得最终胜利。

游戏效果建议如下。

（1）**舞台背景**。为了营造飞行的场景，星空（或其他效果的背景）能自动下移。

（2）**启动动画**。有字幕提示。字幕需有"飞机大战"和"按数字键1进入游戏"等文字，伴有音乐。

（3）**游戏关卡动画**。

角色1："飞机"。启动游戏后，"飞机"出现在舞台固定位置，同时播放"角色进入音乐"（可选用本书素材库中：飞机启动.wav）；飞机能使用"↑""↓""←""→"键控制移动。

角色2："子弹"。启动游戏后，"子弹"和"飞机"一起出现；按"空格键"实现"子弹"发送，发出时伴有配音（可选用本书素材库中：飞机开火.wav）；当"子弹"击中目标或碰到舞台边缘时自动消失。

角色3："虫子"（或其他设定的障碍角色）。启动游戏后，可根据游戏等级设定运行轨迹，当被"子弹"击中时虫子消失并伴有配音（可选用本书素材库中：杀死虫子.wav）。

角色4："炸弹"。启动游戏后，作为袭击"飞机"的角色。可根据游戏等级设定数量、袭击频率等，出现的时候伴有配音（可选用本书素材库中：炸弹飞行.wav）。

升级要求：当本级别所有"虫子"（或其他设定的障碍角色）被消灭，则过关进入下一级；每一级"飞机"的"生命总数"为3，如果"飞机"被"炸弹"击中的"生命总数"减1。若生命总数在消灭所有"虫子"前变为0，则不能过关，游戏结束。升级和游戏结束均需文字提示。

3.4.1　前期准备阶段

1. 舞台背景

游戏综合背景：使用的背景是一个包含了四种不同造型的游戏综合背景，进入游戏、升级或者结束游戏都有不同的背景（如图3–80、图3–81所示）。

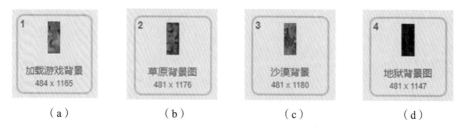

图 3-80　舞台背景造型尺寸大小

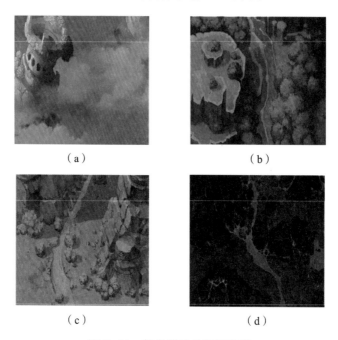

图 3-81　舞台背景的不同造型

　　游戏开始界面。游戏开始界面需要用到"开始页图标""warning""游戏开始""游戏介绍"4 个角色以及背景的造型 1（如图 3-82、图 3-83所示）。

图 3-82　游戏开始界面中的 4 个角色

图 3-83　背景造型 1

游戏规则界面。由背景造型 1 结合"规则介绍"和"游戏开始 2"按钮实现（如图 3-84 所示）。

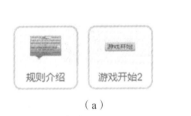

（a）

（b）

图 3-84　游戏规则界面

游戏主界面 1（第一关游戏界面 1）。由背景造型 1 结合"选择蓝色飞机"按钮角色、"选择黄色飞机"按钮角色、"玩家飞机"角色和"黄色飞机"角色实现（如图 3-85 所示）。

（a）　　　　　　　　　　　　　　　　　（b）

图 3-85　游戏主界面 1

游戏主界面2（第一关游戏界面2）。由背景造型2（草原背景）、"关卡图标"角色的造型1（第1关），"飞机生命"角色、"玩家飞机"角色、"黄色飞机"角色、"敌机"角色、"子弹"角色、"导弹"角色、"导弹道具"角色、"分数"变量、"导弹数量"变量实现（如图3-86所示）。

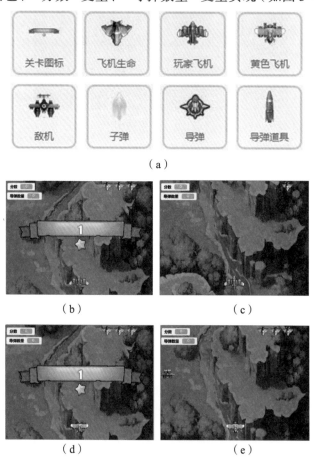

（a）

（b）　　　　　　　　（c）

（d）　　　　　　　　（e）

图3-86　游戏主界面2

游戏结束界面1（第一关游戏结束界面）。由背景造型2，结合"游戏结束"角色实现（如图3-87所示）。

（a）　　　　　　　　　（b）

图 3-87　游戏结束界面 1

游戏主界面 3（第二关游戏界面）。由背景造型 3（沙漠背景）、"关卡图标"角色的造型 2（第 2 关），"飞机生命"角色、"玩家飞机"角色、"黄色飞机"角色、"敌机"角色、"高级敌机"角色、"子弹"角色、"导弹"角色、"导弹道具"角色、"分数"变量、"导弹数量"变量实现（如图 3-88 所示）。

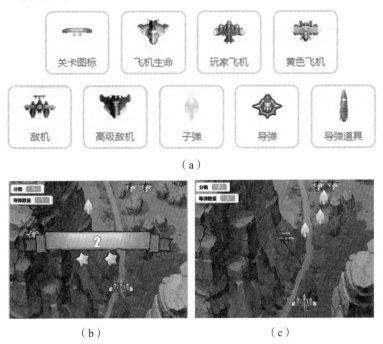

（a）

（b）　　　　　　　　　（c）

图 3-88　游戏主界面 3

游戏结束界面 2（第二关游戏结束界面）。由背景造型 3，结合"游

Scratch 趣味编程

戏结束"角色实现（如图 3-89 所示）。

（a） （b）

图 3-89　游戏结束界面 2

游戏主界面 4（第三关游戏界面）。由背景造型 4（地狱背景）、"关卡图标"角色的造型 3（第 3 关），"飞机生命"角色、"玩家飞机"角色、"黄色飞机"角色、"高级敌机"角色、"子弹角色"、"导弹"角色、"导弹道具"角色、"敌机 BOSS"角色、"BOSS 子弹"角色、"分数"变量、"导弹数量"变量实现（如图 3-90 所示）。

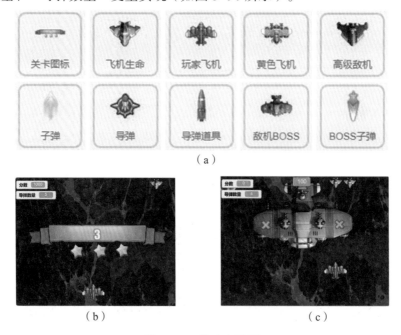

（a）

（b） （c）

图 3-90　游戏主界面 4

游戏结束界面 3（第三关游戏结束界面）。由背景造型 4，结合"游戏结束"角色实现（如图 3-91 所示）。

（a）　　　　　　　　　　（b）

图 3-91　游戏结束界面 3

2. 角色

角色 1："关卡图标"。本游戏设定了三个关卡，所以需要设置三个造型（如图 3-92 所示）。

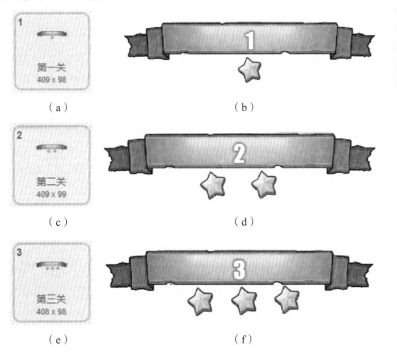

图 3-92　"关卡图标"的 3 个造型

角色 2："玩家飞机"。该角色含两个造型，一个蓝色飞机造型，一个黄色飞机造型（如图 3-93 所示）。

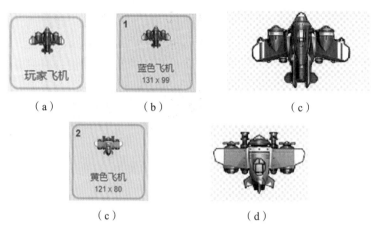

（a）　　　　（b）　　　　　　　　（c）

（c）　　　　　　（d）

图 3-93　"玩家飞机"的两个造型

角色 3：黄色飞机。该角色包含一只黄色飞机造型，如图 3-94 所示，用于在游戏开始界面点击"游戏开始"按钮后进入蓝色飞机或黄色飞机选择界面时实现黄色飞机的动画。（蓝色飞机这个界面的动画效果脚本已融入到了玩家飞机脚本）。

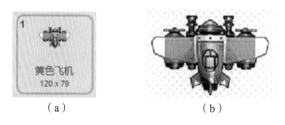

（a）　　　　　　　　　（b）

图 3-94　黄色飞机的造型

角色 4："敌机"。因为会被"子弹"攻击，所以需要更多造型来展示被击中的过程。本案例设计了 6 种造型，通过切换造型的方式使敌机被子弹或导弹击中后能展现出较为真实的爆炸效果（如图 3-95 所示）。

图 3-95　敌机的 6 种造型

角色 5："子弹"。玩家通过空格键发射"子弹"，通过"子弹"击中"敌机""高级敌机"、"BOSS 机"来消灭敌方飞机，获得分数（如图 3-96 所示）。

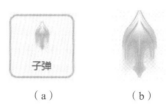

（a）　　　　　　　　（b）

图 3-96　"子弹"的造型

角色 6："飞机生命"。用于显示"玩家飞机""生命"（如图 3-97 所示）。使用与"玩家飞机"形象相类似的小飞机，玩家每失去一条"生命"，即有一个小飞机消失。

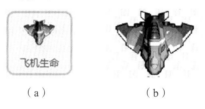

（a）　　　　　　　　（b）

图 3 07　"飞机生命"的造型

角色 7："导弹"。该角色在消灭敌机时随机出现，"玩家飞机"触碰到该角色即可拾取"导弹道具"，游戏界面左上方的"导弹""数量"变量加 1（如图 3-98 所示）。

（a）　　　　　　　　（b）

图 3-98　"导弹"的造型

角色 8："导弹道具"。当游戏界面左上方的"导弹数量"大于 0 时，玩家可通过按下"C"键发射导弹道具，被"导弹道具"角色击中相当于被"子弹"角色攻击 5 次（如图 3-99 所示）。

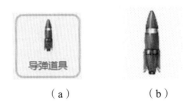

（a）　　　　　　　　（b）

图 3-99　"导弹道具"的造型

角色 9："高级敌机"。进入第二关和第三关后"高级敌机"才会出现，需"子弹"角色进行 5 次攻击才能消灭。因为会被"子弹"攻击，所以需要多一些的造型来展示被击中的过程。本案例设计了 6 种造型，用来实现击中后的爆炸效果，如图 3-100 所示。

（a）　　　　（b）　　　　（c）　　　　（d）　　　　（e）　　　　（f）

图 3-100　"高级敌机"的 6 种造型

角色 10："BOSS 机"。该角色可自由发射"BOSS 子弹"，并有 100 点血量，角色正上方变量为其血量。为了让被消灭的过程更加震撼，需要多一些的造型来展示。本案例设计了 12 种造型，如图 3-101 所示。

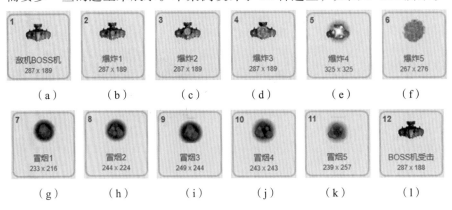

（a）　　　　（b）　　　　（c）　　　　（d）　　　　（e）　　　　（f）

（g）　　　　（h）　　　　（i）　　　　（j）　　　　（k）　　　　（l）

图 3-101　"BOSS 机"的 12 种造型

角色 11："BOSS 子弹"。该角色只有"BOSS 机"才可发射，当"BOOS 子弹"角色触碰到"玩家飞机"角色时，玩家将失去一条生命（如

图 3-102 所示）。

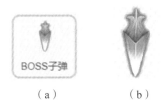

（a）　　　（b）

图 3-102　BOSS 子弹的造型

角色 12："游戏开始"按钮。为了让单击按钮时有动态效果，设计了两个造型（如图 3-103 所示）。

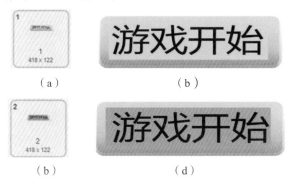

（a）　　　　　　　（b）

（b）　　　　　　　（d）

图 3-103　"游戏开始"按钮

角色 13："游戏介绍"按钮。为了让单击按钮时有动态效果，设计了两个造型（如图 3-104 所示）。

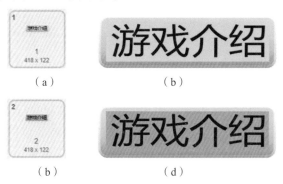

（a）　　　　　　　（b）

（b）　　　　　　　（d）

图 3-104　"游戏介绍"按钮

角色 14："选择蓝色飞机"按钮。设计方式类似于角色 11、12（如

图 3-105 所示）。

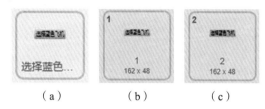

（a）　　　　（b）　　　　（c）

图 3-105　"选择蓝色飞机"按钮

角色 15："选择黄色飞机"按钮。设计方式类似于角色 11、12（如图 3-106 所示）。

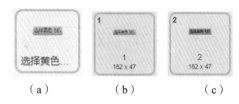

（a）　　　　（b）　　　　（c）

图 3-106　"选择黄色飞机"按钮

角色 16："游戏结束"。如图 3-107 所示。

（a）　　　　　　　　（b）

图 3-107　"游戏结束"

3. 变量

"导弹数量"变量："导弹"在第 2 关卡开始出现，当"玩家飞机"触碰到"导弹"角色时该变量增 1，当该变量数量大于 0 时可通过按下"C"键发射"导弹道具"角色，"导弹道具"角色的攻击相当于"子弹"角色的 5 次攻击。"导弹数量"变量可实时统计能发出的"导弹道具"角色的数量。

"BOSS 机血量"变量：用于实时统计"BOSS 机"的血量。

"分数"变量：用于控制是否能通过这一关，进入下一关。

"高级敌机血量"变量：用于实时统计"高级敌机"的血量。

"生命"变量：用于实时统计"玩家飞机"的生命数。

"死亡"变量：用于定义玩家飞机目前剩余的生命数量，如果数量为 3 则游戏结束。

"无敌"变量：用于定义玩家飞机是否处于无敌状态，在无敌状态中，玩家受到攻击不减少血量，且触发无敌特效。

各变量如图 3-108 所示。

图 3-108　本案中用到的变量

3.4.2　脚本编写阶段

1. 游戏综合背景脚本

点击小绿旗启动游戏，将背景设置为放置在最底层，进入游戏开始界面。为了让游戏的动态效果更明显，背景需要使用如图 3-109（a）所展示的一段重复执行脚本来实现移动，让飞机角色在飞行的过程中有环境的变化。同样的道理，当接收到"开始游戏"的消息，背景需切换到"草原背景"造型并通过类似的一段重复执行脚本来实现移动，营造飞机行进过程中环境的变化氛围（如图 3-109（b）所示）。

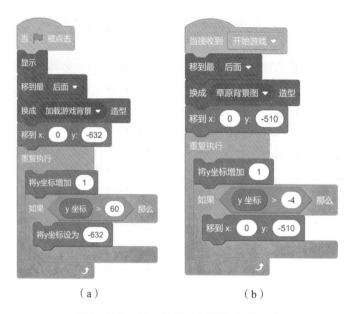

（a）　　　　　　　　　　（b）

图 3-109　第一关背景设置的参考脚本

类似的操作应用到进入"第二关"和"第三关"的背景设置（分别如图 3-110（a）和图 3-110（b）所示）。

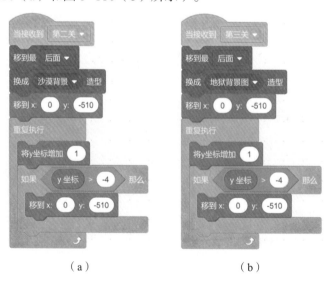

（a）　　　　　　　　　　（b）

图 3-110　第二关和第三关背景设置的参考脚本

2."开始页图标"角色脚本

该角色是游戏开始界面的一个组成部分，当点击小绿旗时需移动到指定的位置并显示，当接收到"加载游戏"和"游戏介绍"的消息时隐藏（如图 3-111 所示）。

图 3-111　"开始页图标"角色的参考脚本

3."Warning"角色脚本

该角色是游戏开始界面的一个组成部分，当点击小绿旗后需移动到指定的位置并显示，当接收到"加载游戏"和"游戏介绍"的消息时隐藏，脚本分别如图 3-112 所示。

图 3-112　"Warning"角色的参考脚本

4."游戏开始"按钮脚本

当点击小绿旗时显示角色，通过反复判断是否碰到鼠标指针，来实现被鼠标触碰但又未点击的动态效果（如图 3-113（a）所示）。当角色被点击时，广播"加载游戏"的消息。同时配上音效。当收到"游戏介绍"的消息时，隐藏起来（如图 3-113（b）所示）。

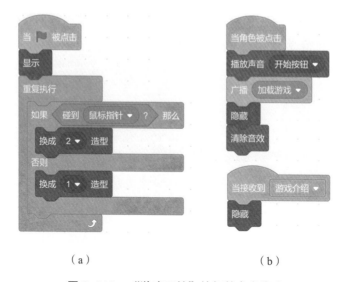

（a）　　　　　　　　　　（b）

图 3-113　　"游戏开始"按钮的参考脚本

5."游戏介绍"按钮脚本

当点击小绿旗时显示角色，通过反复判断是否碰到鼠标指针，来实现被鼠标触碰但又未点击的动态效果（如图 3-114（a）所示）。当角色被点击时，广播"游戏介绍"的消息。同时配上音效。当收到"加载游戏"的消息时，隐藏起来（如图 3-114（b）所示）。

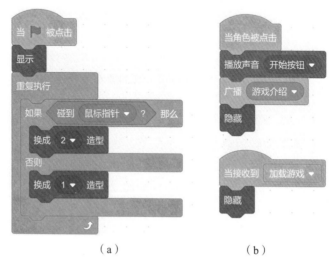

（a）　　　　　　　　　　（b）

图 3-114　　"游戏介绍"按钮的参考脚本

6."规则介绍"脚本

当点击小绿旗时隐藏角色，当接收到"游戏介绍"消息时显示角色，当接收到"加载游戏"消息时隐藏角色如图 3-115 所示。

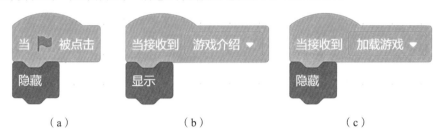

（a）　　　　　　　　（b）　　　　　　　　（c）

图 3-115　"规则介绍"的参考脚本

7."选择黄飞机"按钮脚本

单击该按钮实现选择黄色飞机进入游戏主界面（如图 3-116 所示）。

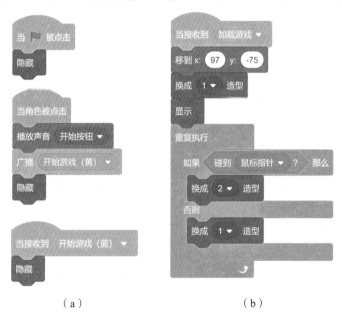

（a）　　　　　　　　　　　（b）

图 3-116　"选择黄飞机"按钮的参考脚本

8."选择蓝飞机"按钮脚本

单击该按钮实现选择蓝色飞机进入游戏主界面（如图 3-117 所示）。

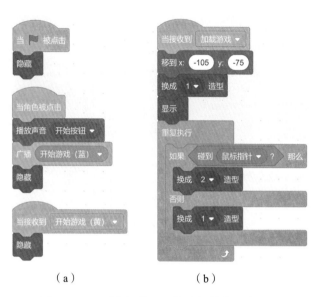

（a）　　　　　　　（b）

图 3-117　"选择蓝飞机"按钮的参考脚本

9."玩家飞机"角色脚本

当点击小绿旗时隐藏角色，当接收到"加载游戏"消息时换成"蓝飞机"造型，移到指定位置。当接收到"游戏结束"消息时隐藏（如图 3-118所示）。

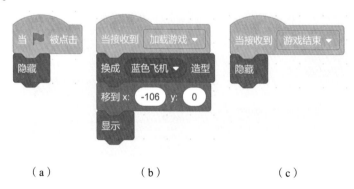

（a）　　　　　　（b）　　　　　　（c）

图 3-118　"玩家飞机"的参考脚本

当接收到"选择黄飞机"消息时换成"黄色飞机"造型，移到指定位置，停留一会儿后广播"开始游戏"，当接收到"开始游戏（蓝）"消息时，移到指定位置，广播"开始游戏"（如图 3-119所示）。

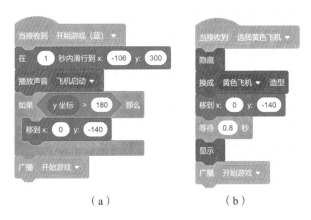

（a）　　　　　　　　　　（b）

图 3-119　"玩家飞机"的参考脚本 2

自定义积木"玩家掉血"用来判定"玩家飞机"是否还有血量，没有血量则游戏结束，还有血量则扣减 1 滴血，进入短暂无敌阶段，回到初始位置（如图 3-120 所示）。

图 3-120　自定义积木"玩家掉血"

当"玩家飞机"被击中后但还有生命准备复活时，自定义积木"无敌"可防止其刚复活后被"敌机"角色或"BOSS 子弹"角色撞击，提供一段复活的缓和期（如图 3-121 所示）。

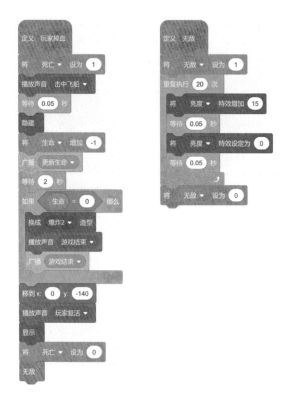

图 3-121　自定义积木"死亡"与"无敌"

当按下空格键时，判定是否处于"死亡"状态，如果不是即可通过按下空格键向敌机发射"子弹"，脚本如图 3-122 所示。

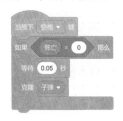

图 3-122　按下空格键向敌机发射"子弹"的参考脚本

10."黄色飞机"角色脚本

当点击小绿旗时隐藏角色，当接收到"加载游戏"消息时移到指定位置，当接收到"开始游戏（蓝）"消息时隐藏，当接收到"开始游戏（黄）"消息时将黄色飞机角色移动到指定位置（如图 3-123 所示）。

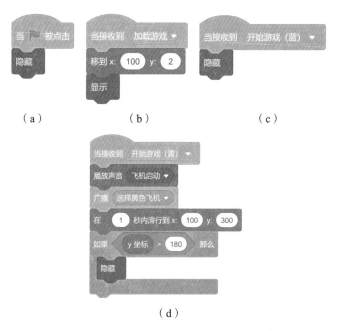

（a）　　　　　　　（b）　　　　　　　（c）

（d）

图 3-123　"黄色飞机"角色的参考脚本

11. "敌机"角色脚本

当点击小绿旗时隐藏"敌机"角色，同时初始化其大小（如图 3-124（a）所示）。

当接收到"开始游戏"的消息时，更换造型，每隔一定的时间克隆自己，产生更多的敌机（如图 3-124（b）所示）。

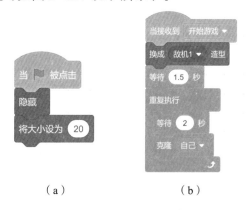

（a）　　　　　　　（b）

图 3-124　"敌机"角色的参考脚本

由克隆产生的"敌机"将移动到固定 y 坐标的随机位置后显示，在从舞台上方移动到舞台下方的过程中不断判断是否被"导弹"或"子弹"击中，如若被击中，爆炸后在舞台消失（如图 3-125 所示）。

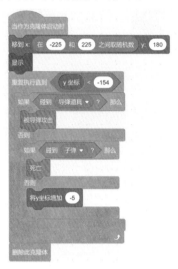

图 3-125　被克隆的"敌机"的显示与消失的参考脚本

自制积木"被导弹攻击"需实现被导弹击中后的"敌机"的爆炸效果，同时"得分"变量增加游戏规则指定的分数。"敌机"被消灭后有八分之一的概率出现"导弹道具"（如图 3-126 所示）。

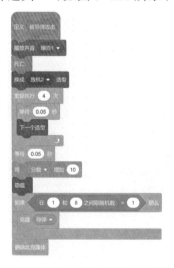

图 3-126　自制积木"被导弹攻击"被导弹击中后的爆炸效果的参考脚本

自制积木"死亡"需实现的敌机的爆炸效果，同时"得分"变量增加游戏规则指定的分数。"敌机"被消灭后有八分之一的概率出现导弹道具，脚本如图 3-127 所示。

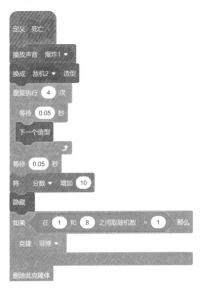

图 3-127 自制积木"死亡"被子弹击中后的爆炸效果的参考脚本

当接收到"第三关"的消息时，隐藏并停止该角色的其他脚本。即第三关不再有敌机出现（如图 3-128 所示）。

图 3-128 "第三关"中隐藏并停止"敌机"角色的脚本的参考脚本

12."子弹"角色脚本

当点击小绿旗时隐藏"子弹"角色（如图 3-129（a）所示）。

当通过克隆产生"子弹"后让"子弹"紧跟着"玩家飞机"。反复地判断是否击中了各类敌机，击中的话该子弹克隆体消失，没击中则继续向舞台上方运动，看是否在其他位置击中敌机，直到坐标超出舞台的范围后消失（如图 3-129（b）所示）。

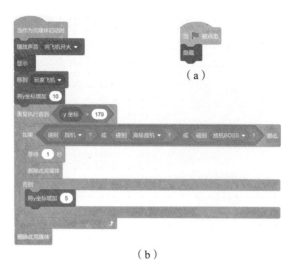

（b）

图 3-129 ＂子弹＂角色的参考脚本

13."飞机生命"脚本

当点击小绿旗时隐藏"飞机生命"角色（如图 3-130（a）所示）。

当接收到"游戏结束"消息时隐藏"飞机生命"角色（如图 3-130（b）
所示）。

当接收到"开始游戏"消息时显示"飞机生命"角色，同时将最初的"飞
机生命"在舞台的右上角显示为 3 的效果（如图 3-130（c）所示）。

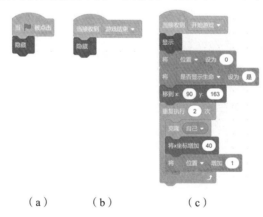

（a） （b） （c）

图 3-130 "飞机生命"角色的参考脚本

当接收到"更新生命"的消息时调用自制积木"更新生命（显示）"。

自制积木"更新生命（显示）"实现了在飞机生命值不为 0 时，固定"飞机生命"角色位于屏幕右上角，当"飞机生命"降低时，对应图像逐渐消失（如图 3-131 所示）。

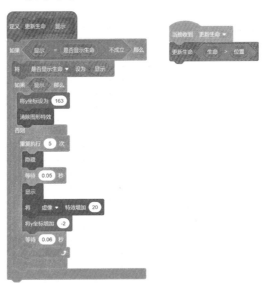

图 3-131　调用"更新生命（显示）"的自制积木参考脚本

14. "导弹"角色脚本

当点击小绿旗时隐藏"导弹"角色，并初始化该角色大小，同时隐藏变量"导弹数量"（如图 3-132（a）所示）。

当接收到"开始游戏"的消息时显示变量"导弹数量"，脚本如图 3-132（b）所示。

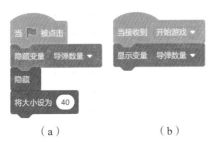

（a）　　　　　　　　　（b）

图 3-132　"导弹"角色初始化的参考脚本

当通过克隆效果产生"导弹"时，"导弹"克隆体移动到固定 y 坐

标的随机位置显示，只要没超出舞台，将反复判断"导弹"克隆体是否触碰到了"玩家飞机"。如果触碰到"玩家飞机"了则广播"技能二"消息（实现导弹数量加1），同时删除该"导弹"克隆体，否则向舞台下方移动直至超出舞台的范围后消失（如图3-133所示）。

图3-133　"导弹"克隆体的移动控制的参考脚本

15."导弹道具"角色脚本

当点击小绿旗时初始化该角色大小，隐藏"导弹道具"角色，同时将变量"导弹数量"赋值为0（如图3-134（a）所示）。

当接收到"技能二"的消息时，将"导弹数量"变量加1（如图3-134（b）所示）。

（a）　　　　　　　　　　　（b）

图3-134　"导弹道具"角色初始化的参考脚本

当通过克隆产生"导弹道具"时，显示"导弹道具"克隆体，同时将其移动到"玩家飞机"上，反复地判断是否击中了各类"敌机"，如果击中了，该"导弹道具"克隆体马上消失，没击中则"导弹道具"克隆体将继续朝舞台上方运动，如若一直未击中"敌机"，将在坐标超出舞台的范围后消失（如图 3-135 所示）。

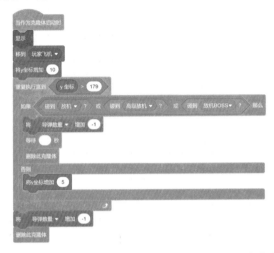

图 3-135　"导弹道具"角色克隆体的移动控制的参考脚本

16."高级敌机"角色脚本

当点击小绿旗时，隐藏变量"高级敌机血量"，同时隐藏"高级敌机"角色，初始化"高级敌机"的大小（如图 3-136 所示）。

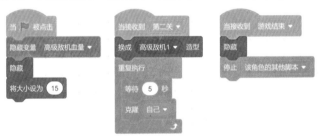

图 3-136　"高级敌机"角色初始化的参考脚本

当通过克隆产生"高级敌机"时，将"高级敌机血量"变量设为 5，增加击败敌机的难度，同时移动到 y 坐标固定的随机位置显示。在"高级敌机"飞出舞台前不断地判断是否有导弹和子弹击中"高级敌机"，通过自制积木"被导弹击中""被击中"和"死亡"实现击中后高级敌机爆炸和消失的过程（如图 3-137 所示）。

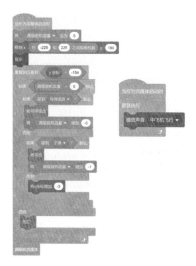

图 3-137 "高级敌机"角色克隆体的移动控制的参考脚本

自定义积木"被攻击"实现了"高级敌机"被"子弹"击中后的变身过程（如图 3-138（a）所示）。

自定义积木"被导弹攻击"实现了"高级敌机"被"导弹"击中后的变身过程（如图 3-138（b）所示）。

自定义积木"死亡"实现了"高级敌机"达到死亡条件时爆炸并消失的过程，同时根据游戏规则给"分数"变量增加指定的得分（如图 3-138（c）所示）。

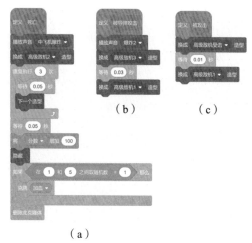

（a）

图 3-138 自定义积木"被攻击""被导弹攻击""死亡"

17. "BOSS 机"角色脚本

当点击小绿旗时,隐藏变量"BOSS 机血量",同时隐藏"BOSS 机"角色,初始化"BOSS 机"的大小,将其移动至最下层(如图 3–139(a)所示)。

当接收到"开始游戏"的消息时,播放音效(如图 3–139(b)所示)。

当接收到"第三关"的消息时,在"BOSS 机"被消灭以前,每隔一段时间"BOSS 机"将发出一枚"BOSS 子弹"(如图 3–139(c)所示)。

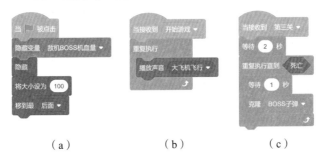

　　(a)　　　　　　(b)　　　　　　(c)

图 3-139　"BOSS 机"角色初始化的参考脚本

当接收到"第三关"的消息时,更换"BOSS 机"的造型,显示"BOSS 机的血量",移动到固定的位置显示,在"BOSS 机的血量=0"前反复地判断是否被"导弹道具"和"子弹"击中,如果被击中则减少"BOSS 机的血量"。当达到消灭 BOSS 机的条件时调用自制积木"死亡",广播"游戏结束"(如图 3–140 所示)。

自定义积木"被导弹攻击"实现了"BOSS 机"被"导弹"击中后的变身过程(如图 3–141(a)所示)。

自定义积木"BOSS 机被攻击"实现了"BOSS 机"被"子弹"击中后的变身过程(如图 3–141(b)所示)。

自定义积木"死亡"实现了"BOSS 机"达到死亡条件时爆炸并消失的过程,同时根据游戏规则给"分数"变量增加指定的得分(如图 3–141(c)所示)。

图 3-140　"BOSS 机"在第三关的参考脚本

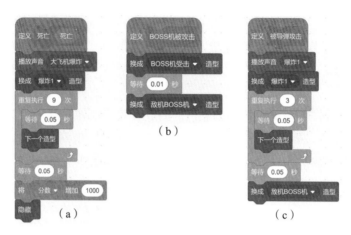

图 3-141 自定义积木"被导弹攻击""BOSS 机被攻击""死亡"

18. "BOSS 子弹"角色脚本

当点击小绿旗时隐藏"BOSS 子弹"角色，同时初始化"BOSS 子弹"的大小（如图 3-142（a）所示）。

当接收到"游戏结束"的消息时，隐藏"BOSS 子弹"角色，同时停止该角色的其他脚本（如图 3-142（b）所示）。

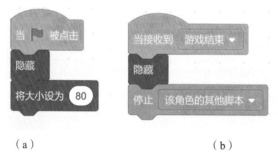

图 3-142 "BOSS 子弹"角色初始化及游戏结束的参考脚本

当通过克隆产生"BOSS 子弹"克隆体时，该克隆体将显示在 y 坐标固定的随机位置上，在"BOSS 子弹"克隆体超出舞台前，反复判断是否击中了"玩家飞机"，如果击中"玩家飞机"，"BOSS 子弹"克隆体消失，否则超出舞台的范围后消失（如图 3-143 所示）。

图 3-143　"BOSS 子弹"角色克隆体的移动控制的参考脚本

19."游戏结束"角色脚本

当点击小绿旗时移动至原点并隐藏（如图 3-144（a）所示）。

当接收到"游戏结束"消息时显示，停止全部脚本（如图 3-144（b）所示）。

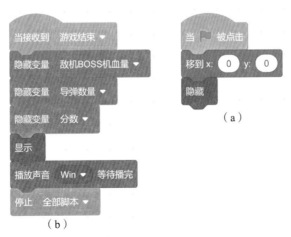

（b）

图 3-144　"游戏结束"角色的参考脚本

附　录

PAAT 全国青少年编程能力等级考试试卷（一）

图形化编程（一级）[①]

（考试时间 60 分钟，满分 100 分）

一、单项选择题（共 20 题，每题 3.5 分，共 70 分）

1. 对于图形化编辑器的基本要素，下列叙述不正确的是（　　）。
   A. 舞台上可以有多个角色　　　　　B. 背景可以在舞台上移动
   C. 脚本可以控制角色的旋转　　　　D. 造型可以通过绘制得到

2. 下列关于图形化编辑器各个区域的叙述中，正确的是（　　）。
   A. 舞台区的宽度和高度可以改变　　B. 脚本区的脚本不可以放大显示
   C. 在舞台区可以看到所有的角色　　D. 在角色区可以看到所有的角色

3. 在如下图所示的界面中，单击按钮 ，向作品中添加的是（　　）。

   A. 造型　　　　　B. 角色　　　　　C. 背景　　　　　D. 声音

4. 在绘制新角色时需要添加一行文字，应使用的工具是（　　）。

   A. ![笔刷]　　　B. ![矩形]　　　C. ![T]　　　D. ![线条]

---

① 试题来自于公众号：PAAT 青少年编程能力等级考试。

5. 下列指令中, 可以将图 1 中的背景 Hearts 设置为图 2 所示效果的是 ( )。

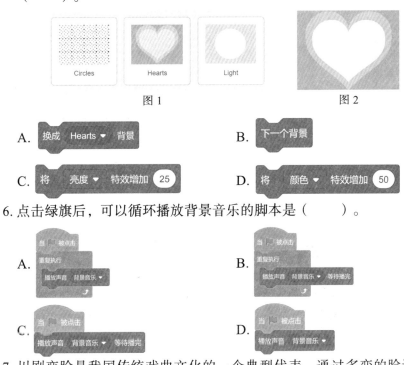

图 1   图 2

A. 换成 Hearts ▼ 背景   B. 下一个背景

C. 将 亮度 ▼ 特效增加 25   D. 将 颜色 ▼ 特效增加 50

6. 点击绿旗后, 可以循环播放背景音乐的脚本是 ( )。

A. 当 ▶ 被点击 / 重复执行 / 播放声音 背景音乐 ▼

B. 当 ▶ 被点击 / 重复执行 / 播放声音 背景音乐 ▼ 等待播完

C. 当 ▶ 被点击 / 播放声音 背景音乐 ▼ 等待播完

D. 当 ▶ 被点击 / 播放声音 背景音乐 ▼

7. 川剧变脸是我国传统戏曲文化的一个典型代表, 通过多变的脸谱来表现人物的喜怒哀乐。在图形化编程工具中创作 "变脸" 动画, 角色共有 3 个造型, 如下图所示。

点击绿旗后，能循环切换所有脸谱造型的脚本是（　　　）。

A.

B.

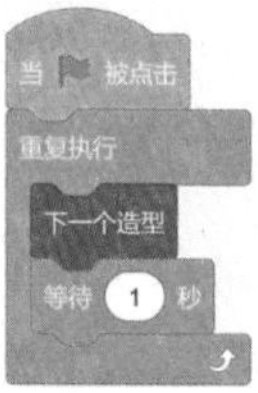

C.

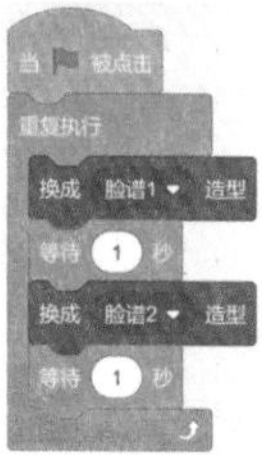

D.

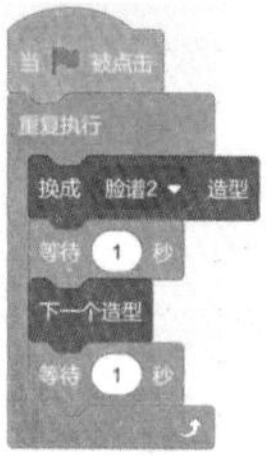

8. 由图 1 变为图 2，需要为角色设置的外观属性是（　　　）。

图 1 　　　　　　　　　　图 2

A. 鱼眼　　　　　B. 旋涡　　　　　C. 像素化　　　　　D. 马赛克

9. 在画板编辑器中，利用图 1 中的图案绘制如图 2 所示的雪花，需要使用的功能按钮是（　　　）。

图 1 　　　　　　　　　　图 2

A.  　　　　B.  　　　　C.  　　　　D.

10. 在画板编辑器中创作"孤帆远影碧空尽"的画面，如下图所示，一定能将红色落日调整到黄色风帆后的操作是（　　　）。

A. 单击 ⬆ 按钮　　　　　　　　B. 单击 ⬇ 按钮

C. 单击 ⬆ 按钮　　　　　　　　D. 单击 ⬇ 按钮

11. 下列有关虚拟社区、知识产权和信息安全的叙述中，正确的是（　　　）。

　　A. 邮箱里面没有什么重要的内容，不需要设置密码

　　B. 对他人的作品进行改编前，要首先征得他人同意

　　C. 网友都是虚拟的，可以向他们随意透露个人隐私

　　D. 在网络中，只要不是实名发言，就不用考虑后果

12. 阅读程序框图，若输入 x 的值为 5，则输出 S 的值为（　　　）。

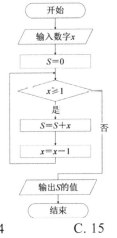

　　A. 13　　　　　　B. 14　　　　　　C. 15　　　　　　D. 16

13. 对于如下图所示的脚本，点击绿旗后，角色说出的内容是（　　　）。

　　A. +　　　　　　B. p　　　　　　C. i　　　　　　D. e

14. 对于如下图所示的脚本，点击绿旗后，不能画出（　　　）。

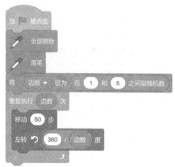

    A. 线段   B. 正三角形   C. 正六边形   D. 正八边形

15. 对于如下图所示的脚本，点击绿旗后，角色开始在舞台上运动，并利用键盘上的方向键控制角色运动的快慢，"↑"表示加速，"↓"表示减速。下列脚本中，可以实现上述功能的是（　　　）。

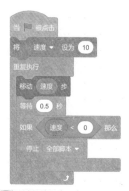

16. 为"Duck""Monkey"和"Shark"角色分别编写如图所示的脚本。当绿旗被点击，并在舞台区按下鼠标后，被隐藏的角色是（　　　）。

图 1 "Duck" 的脚本　　　　　　　图 2 "Monkey" 的脚本

图 3 "Shark" 的脚本

A. "Duck"　　　　　　　　　　　B. "Monkey"

C. "Duck" 和 "Monkey"　　　　　D. "Monkey" 和 "Shark"

17. 用图形化编程工具创作一个海洋食物链的动画，鲸鱼（Shark）的脚本如图所示。鲨鱼跟随鼠标运动，遇到小鱼（Fish）时会吃掉小鱼，同时自身大小增加。脚本中①处应填入的指令是（　　　）。

A.  　　　　　B. 碰到 Fish ?

C. 碰到 鼠标指针 ? 　　　　　D.

18. 在自助点餐系统中，当点击食物旁边的"－"或"＋"时，会将要购

买的食物数量减 1 或加 1，并自动计算需要支付的总金额。如图 1 所示，在图形化编程工具中创建"香蕉""减号""加号"三个角色，"减号"和"加号"对应脚本如图 2 所示。下列脚本中，可以实时正确计算总金额的是（　　　　）。

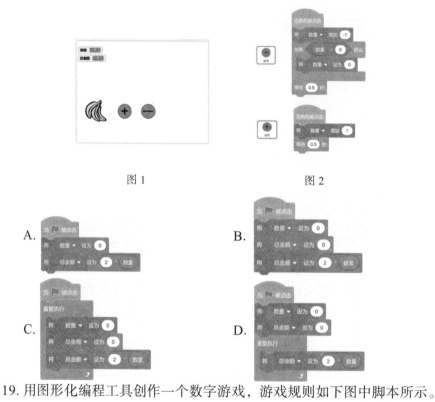

图 1　　　　　　　　　　　　　　　图 2

19. 用图形化编程工具创作一个数字游戏，游戏规则如下图中脚本所示。对于该游戏，下列叙述正确的是（　　　　）。

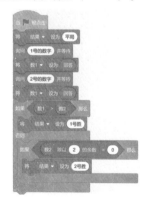

A. 当 1 号的数字为 22，2 号的数字为 30 时，结果为"1 号胜"

B. 当 1 号的数字为 35，2 号的数字为 45 时，结果为"1 号胜"

C. 当 1 号的数字为 88，2 号的数字为 66 时，结果为"2 号胜"

D. 当 1 号的数字为 24，2 号的数字为 55 时，结果为"平局"

20. 用图形化编程工具创作一个骰子游戏，骰子角色的六个造型如图 1 所示，舞台如图 2 所示。当按下绿色按钮时，骰子随机显示六个造型中的一个，并将造型编号赋值给变量"A 造型编号"；当按下红色按钮时，骰子随机显示六个造型中的一个，并将造型编号赋值给变量"B 造型编号"；当点击骰子角色时，比较这两个变量的大小：如果"A 造型编号"较大，角色说"A 胜！"2 秒；如果"B 造型编号"较大，角色说"B 胜！"2 秒；如果两个变量相等，角色说"平局！"2 秒。下列脚本中，会产生错误反馈结果的是（　　　）。

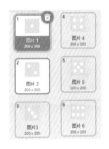

图 1　　　　　　　　　　　　　图 2

A.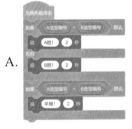

B.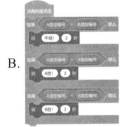

C.

D.

二、编程题（共 2 题，每题 15 分，共 30 分）

21. 图 1 中的脚本可以绘制出图 2 中红色部分所示的折线。在此基础上，将图 3 中的脚本补充完整，使得点击绿旗后绘制出图 2 的完整图案。应在①处填写 _____，在②处填写 _____（两空均填写数字，第一空需填符合题意的最小值，第二空所填数字应在 0~360 之间）。

图 1

图 2

图 3

22. 在一个棋盘上摆放米粒：第 1 格放 1 粒米（1×1），第 2 格放 4 粒米（2×2），第 3 格放 9 粒米（3×3），第 4 格放 16 粒米（4×4），以此类推。编写程序，解决以下问题：

①第 10 个格应放 _____ 粒米；

②放满第 20 个格后，总共放了 _____ 粒米；

③若共有 10 000 粒米，按上述规则摆放，最多可以放满 _____ 个格，此时还剩 _____ 粒米。（各空均填写数字）

PAAT 全国青少年编程能力等级考试试卷（二）

图形化编程（二级）①

（考试时间 60 分钟，满分 100 分）

一、单项选择题（共 20 题，每题 3.5 分，共 70 分）

1.下列脚本能使角色从 (35, 30) 位置移动到 (80, –65) 位置的是（　　　）。

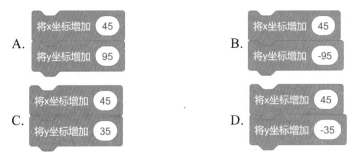

2.在画板编辑器中，将角色由图 1 修改为图 2，需要使用的工具是(　　　)。

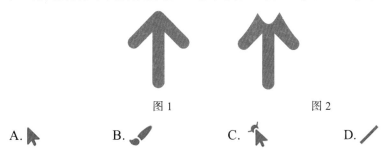

图 1　　　　　　　　　图 2

A. ▶　　　B. 🖌　　　C. ▶　　　D. ╱

---

① 试题来自于公众号：PAAT 青少年编程能力等级考试。

3.阅读程序框图，若输入的 x 值为 5，则输出的 y 值为（　　）。

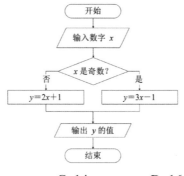

A. 9　　　　　B. 11　　　　　C. 14　　　　　D. 16

4.在画板编辑器中，若选中如下图所示的黄色圆形，单击"⬇"按钮，得到的图形是（　　）。

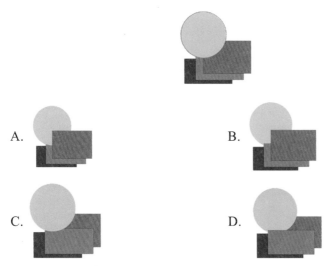

5.水有固、液、气三种状态，在标准大气压下，水在 0 ～ 100 ℃为液态。下列可以表示水为液态的温度条件的脚本是（　　）。

A. 温度 > 100 不成立　　　　B. 温度 > 100 不成立

C. 温度 > 0 或 温度 < 100　　　D. 温度 > 0 与 温度 < 100

6. 下列脚本中，可以让角色说出 2.5 的是（　　　　）。

A.

B.

C.

D.

7. 下列有关虚拟社区、知识产权和信息安全的叙述中，不正确的是（　　　　）。

A. 自己作品中使用他人创作的素材，需注明出处并表示感谢

B. 在社区中交流互动时坚决不能使用侮辱性、攻击性的词汇

C. 电子邮箱中收到陌生人邮件时，其中的链接不要轻易点开

D. 通过网络搜索到的信息都是真实可信的，可以转发给朋友

8. 角色的起始位置是 (30, 10)，点击绿旗运行如下图所示的脚本，最终角色落在（　　　　）。

A. 第一象限　　　B. 第二象限　　　C. 第三象限　　　D. 第四象限

9. 点击绿旗运行如下图所示的脚本，角色说出的内容是（　　　　）。

A. 10　　　　　B. 13　　　　　C. 14　　　　　D. 21

10. 对于如下图所示的脚本，若点击绿旗后，角色左转 15°，则①处填写的内容为（　　　　）。

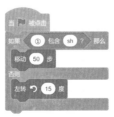

A. flash　　　B. school　　　C. sharp　　　D. sheet

11. 点击绿旗运行如下图所示的脚本，画笔画出的形状是（   ）。

   A. 正方形   B. 正六边形   C. 正八边形   D. 正十边形

12. 使用图形化编程工具制作一个"遵守交通规则过马路"的动画。舞台背景"交通灯1"和"交通灯2"分别如图1、图2所示，舞台对应的脚本如图3所示。下列脚本中，能使角色在绿灯亮时，沿箭头方向通过人行横道的是（   ）。

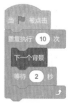

图1   图2   图3

A.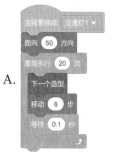

B.

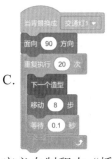 C.

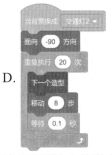 D.

13. 定义自制积木"播放音乐"，编写如下图所示的脚本，点击绿旗后，将播放（　　　）。

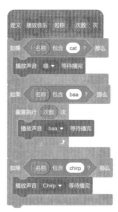

A."Baa"1 次　B."Baa"3 次　　C."喵"1 次　　D."Chirp"3 次

14. 点击绿旗运行如下图所示的脚本，下列叙述不正确的是（　　　）。

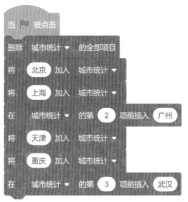

A. 该列表共包含 5 个项目　　　　B. 该列表的第 2 项是上海
C. 该列表的第 4 项是天津　　　　D."武汉"包含在该列表中

15. 点击绿旗运行如下图所示的脚本，10 秒后角色的大小为（　　　）。

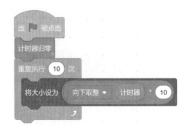

  A. 80   B. 90   C. 100   D. 110

16. 如下图所示的脚本实现了阶梯式水价计费方式。小红家本月用水量为 22 立方米，需缴纳的总水费为（　　　）。

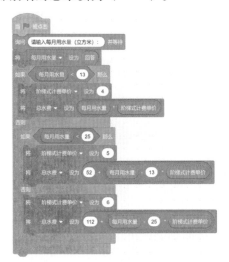

  A. 88   B. 97   C. 110   D. 132

17. 对图 1 中的蝴蝶编写如图 2 所示的脚本，创作"满园蝶飞"的动画。点击绿旗 10 秒后，舞台上的蝴蝶共有（　　　）。

图1

图2

  A. 1 只   B. 2 只   C. 10 只   D. 11 只

18. 角色"Abby"和"Kai"的脚本分别如图1、图2所示。点击绿旗后，脚本运行到第 6 秒时，执行的操作是（　　　）。

图 1　Abby 的脚本　　　　图 2　Kai 的脚本

A."Abby" 发出广播"询问"　　B."Kai" 回答"My name is Kai!"

C."Abby" 等待　　　　　　　D."Abby" 回答"Nice to meet you!"

19. 点击绿旗运行如下图所示的脚本，变量"数字 3"最终的值是（　　　）。

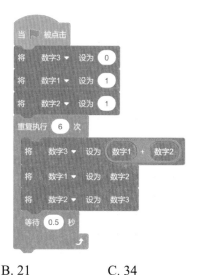

A. 13　　　　　　B. 21　　　　　　C. 34　　　　　　D. 55

20. 一栋学生宿舍楼共有 10 层，每一层有 10 间宿舍，下列能够实现按照从低层到高层、从第 1 间宿舍 到第 10 间宿舍的顺序，将整栋楼所有宿舍都检查到的脚本是（　　　）。

A.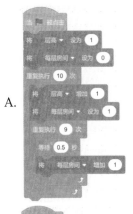

B.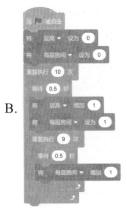

C.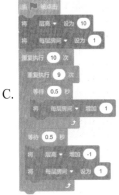

D.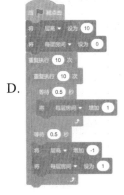

二、编程题（共 2 题，每题 15 分，共 30 分）

21. 水仙花数是一种很神奇的数字，它各个数位上数字的立方和等于它本身。例如：$153 = 1 \times 1 \times 1 + 5 \times 5 \times 5 + 3 \times 3 \times 3$，所以 153 是一个水仙花数。编写程序，由小到大找出自然数中的水仙花数，回答以下问题：

   ① 第 2 个三位水仙花数是 _____；

   ② 最大的三位水仙花数是 _____；

   ③ 三位水仙花数的个数是 _____。

22. 编写程序，将 100 以内的、不能被 3 整除的整数从 1 开始由小到大存入到"数字序列"列表中，回答以下问题：

   ① "数字序列"列表的长度为 _____；

   ② "数字序列"列表的第 50 项为 _____；

   ③ "数字序列"列表中所有项的和为 _____。

PAAT 全国青少年编程能力等级考试试卷（三）

图形化编程（三级）[①]

（考试时间 60 分钟，满分 125 分）

一、单项选择题（共 18 题，每题 4 分，共 72 分）

1. 下列应用不能体现人工智能技术的是（　　　）。

　　A. 使用指纹锁功能打开手机

　　B. 使用 OCR 软件从图像中识别汉字

　　C. 某软件支持在线中英文互译

　　D. 某主题餐馆使用机器人代替人工送餐

2. 下列有关信息安全、知识产权和虚拟社区的叙述中，不正确的是（　　　）。

　　A. 对数据进行加密可以确保数据得到保护

　　B. 版权保护有助于作者维护自己的合法权益

　　C. 在朋友圈转发信息前需确定其是否来自正规渠道

　　D. 数据加密就是将明文按某种算法处理，使其不可读

3. 需求分析主要解决的问题是（　　　）。

　　A. "为什么做"　　　　　　　　B. "做什么"

　　C. "怎么做"　　　　　　　　　D. "谁来做"

4. 执行如下图所示的程序框图，则输出 i 的值为（　　　）。

　　A. 8　　　　　　　　　　　　B. 7

　　C. 6　　　　　　　　　　　　D. 5

---

① 试题来自于公众号：PAAT 青少年编程能力等级考试。

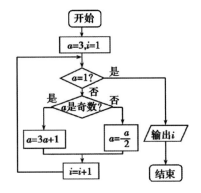

5. 制作如图 1 所示的钟表，其秒针的脚本如图 2 所示，则秒针的中心点大致位于（　　）。

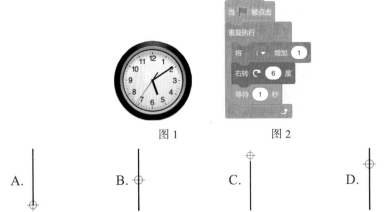

图 1　　　　　　　　图 2

A.　　　　　B.　　　　　C.　　　　　D.

6. 小云想使用画笔工具绘制如下图所示的图案。为了便于编程实现，可将其分解为（　　）。

A. 6 个三角形　　　　　　　　B. 4 个菱形

C. 1 个六边形和 3 条线段　　　D. 2 个梯形和 2 条线段

7. 使用插入排序算法对下列数据从小到大排序，比较次数最少的是（　　）。

A. 94, 32, 40, 90, 80　　　　B. 21, 32, 46, 40, 80

C. 32, 40, 21, 46, 69　　　　D. 90, 69, 80, 46, 21

8. 点击绿旗执行下图中的脚本，若角色的坐标为 (5, 20)，则说出的内容为（　　）。

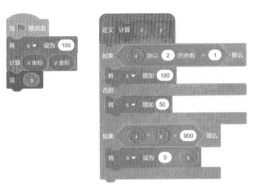

  A. 200   B. 150   C. 100   D. 50

9. 对图 1 中的列表执行图 2 中的脚本，点击绿旗后，角色说出的内容为（　　）。

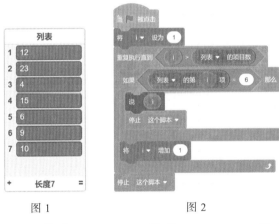

  图 1   图 2

  A. 4   B. 5   C. 6   D. 7

10. 使用冒泡排序法对 5, 2, 6, 3, 8 进行升序排列，则第一遍排序的结果为（　　）。

  A. 2, 5, 3, 6, 8   B. 2, 5, 6, 3, 8

  C. 2, 3, 6, 5, 8   D. 2, 3, 5, 6, 8

11. "小猫"角色对应的脚本如下图所示，若变量"x 坐标""y 坐标"均为私有变量，点击绿旗并按下 3 次空格键后，下列叙述正确的是（　　）。

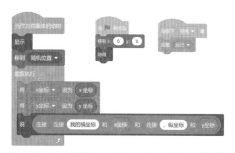

A. 屏幕上会出现 3 只"小猫"，并且它们说出的横、纵坐标均为 0

B. 屏幕上会出现 3 只"小猫"，并且它们会说出各自的横、纵坐标

C. 屏幕上会出现 7 只"小猫"，并且它们说出的横、纵坐标均为 0

D. 屏幕上会出现 7 只"小猫"，并且它们会说出各自的横、纵坐标

12. 使用二分查找法在有序序列 5, 12, 20, 26, 37, 42, 46, 50, 64 中查找元素 26，需要比较（　　）。

A. 2 次　　　　　B. 3 次　　　　　C. 4 次　　　　　D. 5 次

13. 点击绿旗执行如下图所示的脚本，角色说出的内容是（　　）。

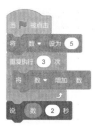

A. 20　　　　　B. 30　　　　　C. 40　　　　　D. 50

14. 对于如下图所示的脚本，若回答的值为 24，则角色所说出数字的个数为（　　）。

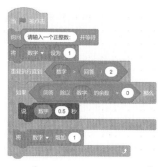

A. 5 个　　　　　B. 6 个　　　　　C. 7 个　　　　　D. 8 个

15. 点击绿旗执行如下图所示的脚本，10 秒后"我的变量"的值为（　　　　）。

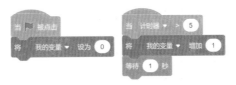

   A. 1 　　　　　　　B. 2 　　　　　　　C. 5 　　　　　　　D. 6

16. 点击绿旗执行下图中的脚本，角色说出的内容为（　　　　）。

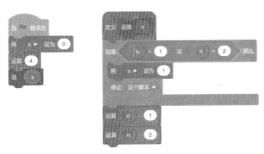

   A. 2 　　　　　　　B. 3 　　　　　　　C. 4 　　　　　　　D. 5

17. 为"按钮"角色编写如下图所示的脚本。点击绿旗后，下列叙述不正确的是（　　　　）。

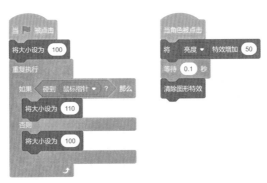

   A. 鼠标悬停在按钮上时，按钮将变大

   B. 鼠标点击按钮后，按钮将变亮

   C. 按钮变亮 0.1 秒后，恢复为原亮度

   D. 按钮变亮 0.1 秒后，恢复为原大小

18. 点击绿旗运行如下图所示的脚本，角色说出的内容依次是（　　　　）。

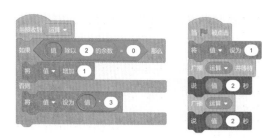

A. 3，3　　　　　B. 3，4　　　　　C. 2，2　　　　　D. 2，6

二、编程题（共 4 题，共 53 分）

19.（13 分）在预留代码的基础上，编写"猜数字"小游戏。

（1）点击绿旗后，"小猫"生成一个 1 ~ 100 的随机整数，并要求玩家输入数字；

（2）若输入正确，"小猫"说"对了"，游戏结束，否则小猫说"大了"或"小了"；

（3）玩家有 10 次机会，每输入 1 次数字，剩余次数减 1；

（4）当剩余次数为 0 时游戏结束，小猫会说"游戏结束"，并说出正确答案。

预留代码：

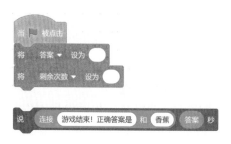

20. （12 分）在预留代码的基础上，使用自制积木编写程序，绘制如下图所示的图案。

预留代码：

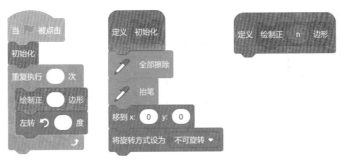

21. （13 分）在预留代码的基础上，使用选择排序算法，对数组中的数字由小到大排列。

预留代码：

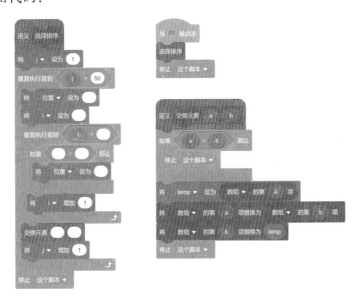

22.（15 分）在用图形化编程工具制作游戏作品时，倒计时的应用非常普遍。在如图所示的游戏界面中，用下方的紫色进度条表示剩余时间。在预留代码的基础上，完成带进度条的 30 秒倒计时的功能。

（1）点击绿旗时，将剩余时间初始化为 30，进度条为满格 30 格；

（2）点击舞台右下角的开始按钮后，剩余时间和进度条的格数随时间的增加而减少；

（3）当剩余时间为 0 时，停止全部脚本。

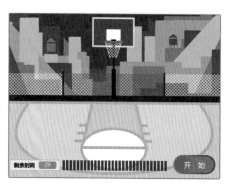
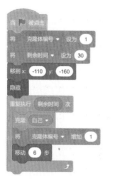

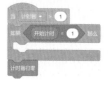
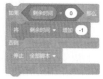

参考答案

P202-210

1-5 题：BDACD　　　　　　6-10 题：BBCCD

11-15 题：BCCDA　　　　　16-20 题：BBDDA

21 题：① 6，② 60　　　　　22 题：① 100，② 2870，③ 545

P211-218

1-5 题：BCCAD　　　　　　6-10 题：BDDAB

11-15 题：CABBB　　　　　16-20 题：BDDBB

21 题：① 370，② 407，③ 4　22 题：① 34，② 150，③ 1683

P219-226

1-5 题：BABAD　　　　　　6-10 题：ABABD

11-15 题：DCCCA　　　　　16-18 题：BDA

19 题：

20 题：

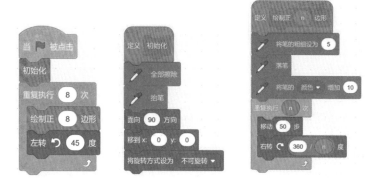

21 题：

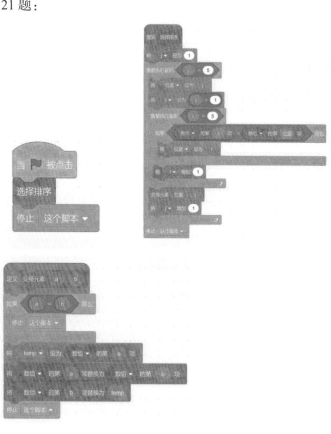

23. 略